数值分析

(第5版)习题解答

张 威 杨月婷 编

清华大学出版社
北京

内 容 简 介

本书是与李庆扬、王能超、易大义编写的《数值分析》第5版配套的辅导书. 书中将教材中各章的"复习与思考题"及"习题"做了详尽的解答. 尤其是对教材第5版所增加的复习与思考题的解答，可以帮助读者对各章知识进行归纳、提炼和梳理，有助于读者全面掌握各章的知识理论和方法，起到统揽全局的作用. 习题部分的解答是在作者多年"数值分析"课程教学的基础上给出的，对于学生在学习过程中容易出现的问题，在解答中特别加以注意.

本书可供理工科各专业本科生、研究生学习"数值分析"课程使用，也可作为某些专业的同等学力申请学位或博士生入学考试的复习参考书.

图书在版编目(CIP)数据

数值分析(第5版)习题解答/张威，杨月婷编. —北京：清华大学出版社，2010.8(2021.10重印)
ISBN 978-7-302-23092-2

Ⅰ. ①数… Ⅱ. ①张… ②杨… Ⅲ. ①数值计算－高等学校－习题 Ⅳ. ①O241-44

中国版本图书馆 CIP 数据核字(2010)第113992号

责任编辑：刘 颖
责任校对：刘玉霞
责任印制：杨 艳

出版发行：清华大学出版社
网　　址：http://www.tup.com.cn，http://www.wqbook.com
地　　址：北京清华大学学研大厦A座　　**邮　　编**：100084
社 总 机：010-62770175　　**邮　　购**：010-62786544
投稿与读者服务：010-62776969，c-service@tup.tsinghua.edu.cn
质 量 反 馈：010-62772015，zhiliang@tup.tsinghua.edu.cn
印 装 者：北京国马印刷厂
经　　销：全国新华书店
开　　本：185mm×230mm　　**印　张**：9　　**字　　数**：206千字
版　　次：2010年8月第1版　　**印　　次**：2021年10月第22次印刷
定　　价：27.00元

产品编号：034910-05

目　　录

第 1 章　数值分析与科学计算引论

复习与思考题解答

1. 什么是数值分析？它与数学科学和计算机的关系如何？

答　数值分析也称计算数学，是数学科学的一个分支，主要研究的是用计算机求解各种数学问题的数值计算方法及其理论与软件实现.

数值分析以数学问题为研究对象，但它并不像纯数学那样只研究数学本身的理论，而是把理论与计算紧密结合，着重研究数学问题的数值方法及其理论.

2. 何谓算法？如何判断数值算法的优劣？

答　一个数值问题的算法是指按规定顺序执行一个或多个完整的进程，通过算法将输入元变换成输出元.

一个面向计算机，有可靠理论分析且计算复杂性好的算法就是一个好算法. 因此判断一个算法的优劣应从算法的可靠性、准确性、时间复杂性和空间复杂性几个方面考虑.

3. 列出科学计算中误差的三个来源，并说出截断误差与舍入误差的区别.

答　用计算机解决实际问题首先要建立数学模型，它是对被描述的实际问题进行抽象、简化而得到的，因而是近似的，数学模型与实际问题之间出现的误差叫做模型误差.

在数学模型中往往还有一些根据观测得到的物理量，如温度、长度等，这些参量显然也包含误差，这种由观测产生的误差称为观测误差.

当数学模型不能得到精确解时，通常要用数值方法求它的近似解，其近似解和精确解之间的误差称为截断误差或方法误差.

有了求解数学问题的计算公式以后，用计算机做数值计算时，由于计算机字长有限，原始数据在计算机上表示时会产生误差，计算过程又可能产生新的误差，这种误差称为舍入误差.

截断误差和舍入误差是两个不同的概念，截断误差是由所采用的数值方法而产生的，因而也称方法误差，舍入误差是由数值计算而产生的.

4. 什么是绝对误差与相对误差？什么是近似数的有效数字？它与绝对误差和相对误差有何关系？

答　设 x 为准确值，x^* 为 x 的一个近似值，称 $e^*=x^*-x$ 为近似值 x^* 的绝对误差，简称误差. 近似值的误差 e^* 与准确值 x 的比值$\frac{e^*}{x}=\frac{x^*-x}{x}$称为近似值 x^* 的相对误差，记作 e_r^*.

通常我们无法知道误差的准确值，只能根据测量工具或计算情况估计出误差绝对值的一个上界 ε^*，ε^* 叫做近似值的误差限.

若近似值 x^* 的误差限是某一位的半个单位，该位到 x^* 的第一位非零数字共有 n 位，就说

x^* 有 n 位有效数字.

有效数位越多,绝对误差限越小,相对误差限也越小.

5. 什么是算法的稳定性？如何判断算法稳定？为什么不稳定算法不能使用？

答　一个算法如果输入数据有误差,而在计算中舍入误差不增长,则称此算法是数值稳定的;否则称为不稳定的.

判断一个算法是否稳定主要是看初始数据误差在计算中的传播速度,如果传播速度很快就是数值不稳定的.

对于不稳定的算法来说,由于其误差传播是逐步扩大的,因而计算结果不可靠,所以不稳定的算法是不能使用的.

6. 什么是问题的病态性？它是否受所用算法的影响？

答　对一个数值问题本身来说,如果输入数据有微小扰动(即误差),引起输出数据(即问题解)相对误差很大,这就是病态问题.

病态性是数值问题本身固有的,不是由计算方法引起的,病态性并不受所用算法的影响,对病态问题必须采用特殊的方法以减少误差危害.

7. 什么是迭代法？试利用 $x^3-a=0$ 构造计算$\sqrt[3]{a}$的迭代公式.

答　迭代法是一种按同一公式从初始值开始重复计算逐次逼近真值的算法,是数值计算普遍使用的重要方法.

在计算$\sqrt[3]{a}$时,可从等价的方程求根问题 $x^3-a=0$ 出发,利用方程的等价形式 $x=\frac{1}{3}\left(2x+\frac{a}{x^2}\right)$即可得到计算$\sqrt[3]{a}$的迭代公式

$$x_{k+1}=\frac{1}{3}\left(2x_k+\frac{a}{x_k^2}\right),\quad k=0,1,2,\cdots,\quad x_0\ 给定.$$

8. 直接利用以直代曲的原则构造求方程 $x^2-a=0$ 的根 $x^*=\sqrt{a}$的迭代法.

答　求方程 $f(x)=0$ 的根在几何上就是求曲线 $y=f(x)$ 与 x 轴交点 x^* 的横坐标. 假如已给出一个近似值 x_k,用该点$(x_k,f(x_k))$处的切线逼近曲线,令 x_{k+1} 为该切线与 x 轴交点的横坐标,一般情况下,x_{k+1} 近似方程根 x^* 的程度比 x_k 近似 x^* 的程度要好,这就是以直代曲的思想. 曲线 $y=x^2-a$ 在点$(x_k,f(x_k))$处的切线方程为 $y=2x_kx-x_k^2-a$,切线方程的根 $x=\frac{1}{2}\left(x_k+\frac{a}{x_k}\right)$,以此作为新的近似值,就得到了求方程 $x^2-a=0$ 的根 $x^*=\sqrt{a}$的迭代公式

$$x_{k+1}=\frac{1}{2}\left(x_k+\frac{a}{x_k}\right),\quad k=0,1,2,\cdots,\quad x_0\ 给定.$$

9. 举例说明什么是松弛技术.

答　在积分近似计算的梯形公式 $T_n=\sum_{i=1}^{n}\frac{h}{2}[f(x_{i-1})+f(x_i)]$ 中,取 $n=1,2$ 可分别得

$$T_1=\frac{b-a}{2}[f(a)+f(b)],$$

$$T_2=\frac{b-a}{4}[f(a)+2f(c)+f(b)],\quad c=\frac{a+b}{2}.$$

令

$$S_1=T_2+\omega(T_2-T_1)=(1+\omega)T_2-\omega T_1,$$

若取 $\omega=1/3$,则得

$$S_1=\frac{4}{3}T_2-\frac{1}{3}T_1=\frac{b-a}{6}[f(a)+4f(c)+f(b)],$$

这就是松弛技术,ω 称为松弛因子.

10. 考虑无穷级数 $\sum_{n=1}^{\infty}\frac{1}{n}$,它是发散的,在计算机上计算它的部分和,会得到什么结果?为什么?

答 虽然在理论上无穷级数 $\sum_{n=1}^{\infty}\frac{1}{n}$ 是发散的,但在计算机上计算时,由于计算机只能进行有限数的计算,所以无论 n 取多大的值,级数的和都是有限数.即使对于有限值的 n,当 n 较大时,$\frac{1}{n}$较小.如果小到在计算机内视为计算机零,则对部分和就没有贡献了.这时所得的部分和就是常数了.

11. 判断下列命题的正确性:

(1) 解对数据的微小变化高度敏感是病态的.

(2) 高精度运算可以改善问题的病态性.

(3) 无论问题是否病态,只要算法稳定都能得到好的近似值.

(4) 用一个稳定的算法计算良态问题一定会得到好的近似值.

(5) 用一个收敛的迭代法计算良态问题一定会得到好的近似值.

(6) 两个相近数相减必然会使有效数字损失.

(7) 计算机上将 1000 个数量级不同的数相加,不管次序如何结果都是一样的.

答 (1) 对.病态就是根据这一现象定义的.

(2) 错.病态性是问题本身固有的,与所采用的方法无关.

(3) 错.只有当问题为良态时,稳定的算法才有可能得到好的近似值.

(4) 错.用一个稳定的算法计算良态问题是否能得到好的近似值还依赖于初始值选取得是否适当.

(5) 错.用收敛的迭代法计算良态问题时,同样依赖于初始值选取的问题.

(6) 错.如果两个相近数直接相减,大多会使有效数字损失.但可以通过等价变换转化成其他运算而避免有效数字损失.

(7) 错.次序不加处理和次序加以处理的结果一般是不一样的.尤其是当所加的数据的数量级相差较大时.此时,将数量级相近的数据调整到一起相加结果会准确些.

习题解答

1. 设 $x>0$，x 的相对误差为 δ，求 $\ln x$ 的误差.

解　设 x 的近似数为 x^*，则由假设有 $\frac{x^*-x}{x^*}=\delta$. 对于 $f(x)=\ln x$，因 $f'(x)=\frac{1}{x}$，故由

$$\varepsilon(f(x^*))\approx|f'(x^*)|\varepsilon(x^*)$$

得

$$\ln x-\ln x^*=\varepsilon(f(x^*))\approx\left|\frac{1}{x^*}\right|(x^*-x)=\frac{1}{x^*}(x^*-x)=e_r(x^*)=\delta,$$

即 $e(\ln x^*)\approx\delta$.

2. 设 x 的相对误差为 2%，求 x^n 的相对误差.

解　设 $f(x)=x^n$，则此计算函数值问题的条件数为

$$C_p=\left|\frac{xf'(x)}{f(x)}\right|=\left|\frac{x\cdot nx^{n-1}}{x^n}\right|=n,$$

又因为计算函数值问题的条件数定义为函数值的相对误差与自变量相对误差的比值，即 $\varepsilon_r((x^*)^n)\approx C_p\cdot\varepsilon_r(x^*)$，所以 $\varepsilon_r((x^*)^n)\approx n\cdot 2\%=0.02n$.

3. 下列各数都是经过四舍五入得到的近似数，即误差限不超过最后一位的半个单位，试指出它们是几位有效数字：

$$x_1^*=1.1021,\quad x_2^*=0.031,\quad x_3^*=385.6,\quad x_4^*=56.430,\quad x_5^*=7\times1.0.$$

解　由于近似数的误差限不超过最后一位的半个单位，所以

$x_1^*=1.1021$ 有 5 位有效数字；

$x_2^*=0.031$ 有 2 位有效数字；

$x_3^*=385.6$ 有 4 位有效数字；

$x_4^*=56.430$ 有 5 位有效数字；

$x_5^*=7\times1.0$ 有 2 位有效数字.

4. 利用公式(2.3)求下列各近似值的误差限：

(1) $x_1^*+x_2^*+x_4^*$；

(2) $x_1^*x_2^*x_3^*$；

(3) x_2^*/x_4^*.

其中 x_1^*,x_2^*,x_3^*,x_4^* 均为第 3 题所给的数.

解　因为

$$\varepsilon(x_1^*)=\frac{1}{2}\times10^{-4},\quad \varepsilon(x_2^*)=\frac{1}{2}\times10^{-3},$$

$$\varepsilon(x_3^*)=\frac{1}{2}\times10^{-1},\quad \varepsilon(x_4^*)=\frac{1}{2}\times10^{-3},$$

所以

$$\varepsilon(x_1^*+x_2^*+x_4^*)=\varepsilon(x_1^*)+\varepsilon(x_2^*)+\varepsilon(x_4^*)$$

$$= \frac{1}{2} \times 10^{-4} + \frac{1}{2} \times 10^{-3} + \frac{1}{2} \times 10^{-3}$$

$$= 1.05 \times 10^{-3}.$$

$$\varepsilon(x_1^* x_2^* x_3^*) = |x_1^* x_2^*| \varepsilon(x_3^*) + |x_2^* x_3^*| \varepsilon(x_1^*) + |x_1^* x_3^*| \varepsilon(x_2^*)$$

$$= |1.1021 \times 0.031| \times \frac{1}{2} \times 10^{-1} + |0.031 \times 385.6|$$

$$\times \frac{1}{2} \times 10^{-4} + |1.1021 \times 385.6| \times \frac{1}{2} \times 10^{-3}$$

$$\approx 0.215.$$

$$\varepsilon(x_2^* / x_4^*) \approx \frac{|x_2^*| \varepsilon(x_4^*) + |x_4^*| \varepsilon(x_2^*)}{|x_4^*|^2}$$

$$= \frac{0.031 \times \frac{1}{2} \times 10^{-3} + 56.430 \times \frac{1}{2} \times 10^{-3}}{56.430 \times 56.430}$$

$$\approx 0.9 \times 10^{-5}.$$

5. 计算球体积要使相对误差限为 1%，问度量半径 R 所允许的相对误差限是多少？

解　球体体积公式为 $V = \frac{4}{3}\pi R^3$，体积计算的条件数

$$C_p = \left| \frac{R \cdot V'}{V} \right| = \left| \frac{R \cdot 4\pi R^2}{\frac{4}{3}\pi R^3} \right| = 3,$$

所以，$\varepsilon_r(V^*) \approx C_p \cdot \varepsilon_r(R^*) = 3\varepsilon_r(R^*)$.

又因为 $\varepsilon_r(V^*) = 1\%$，所以度量半径 R 所允许的相对误差限

$$\varepsilon_r(R^*) = \frac{1}{3}\varepsilon_r(V^*) = \frac{1}{3} \times 1\% \approx 0.0033.$$

6. 设 $Y_0 = 28$，按递推公式

$$Y_n = Y_{n-1} - \frac{1}{100}\sqrt{783}, \quad n = 1,2,\cdots$$

计算到 Y_{100}. 若取 $\sqrt{783} \approx 27.982$（5 位有效数字），试问计算 Y_{100} 将有多大误差？

解　因为 $Y_n = Y_{n-1} - \frac{1}{100}\sqrt{783}$，所以

$$Y_{100} = Y_{99} - \frac{1}{100}\sqrt{783}, \quad Y_{99} = Y_{98} - \frac{1}{100}\sqrt{783},$$

$$Y_{98} = Y_{97} - \frac{1}{100}\sqrt{783}, \quad \cdots, \quad Y_1 = Y_0 - \frac{1}{100}\sqrt{783},$$

依次代入，有

$$Y_{100} = Y_0 - 100 \times \frac{1}{100}\sqrt{783},$$

即

$$Y_{100}=Y_0-\sqrt{783}.$$

若取 $\sqrt{783}\approx 27.982$,则 $\varepsilon(27.982)=\frac{1}{2}\times 10^{-3}$,于是 $Y_{100}^*=Y_0-27.982$,这时

$$\varepsilon(Y_{100}^*)=\varepsilon(Y_0^*)+\varepsilon(27.982)=0+\frac{1}{2}\times 10^{-3}=\frac{1}{2}\times 10^{-3},$$

即 Y_{100} 的误差限为 $\frac{1}{2}\times 10^{-3}$.

7. 求方程 $x^2-56x+1=0$ 的两个根,使它至少具有 4 位有效数字($\sqrt{783}\approx 27.982$).

解　由求根公式

$$x_{1,2}=28\pm\sqrt{783},$$

于是

$$x_1=28+\sqrt{783}\approx 28+27.982=55.982$$

具有 5 位有效数字.

$$x_2=28-\sqrt{783}=\frac{1}{28+\sqrt{783}}\approx\frac{1}{28+27.982}=\frac{1}{55.982}\approx 0.017\,863$$

具有 5 位有效数字.

8. 当 $x\approx y$ 时计算 $\ln x-\ln y$ 有效位数会损失. 改用 $\ln x-\ln y=\ln\frac{x}{y}$ 是否就能减少舍入误差?(提示:考虑对数函数何时出现病态.)

解　当 $x\approx y$ 时,直接计算 $\ln x-\ln y$ 会出现两相近数相减,从而引起有效位数的损失.

若改用 $\ln x-\ln y=\ln\frac{x}{y}$ 进行计算,则首先应考虑对数函数的病态性问题. 设 $f(x)=\ln x$,则计算对数函数值的条件数为

$$C_p=\left|\frac{xf'(x)}{f(x)}\right|=\left|\frac{x\cdot\frac{1}{x}}{\ln x}\right|=\left|\frac{1}{\ln x}\right|,$$

可见当 $x\approx 1$ 时,C_p 充分大,问题为病态的,而当 $x\approx y$ 时,$\frac{x}{y}\approx 1$,故用 $\ln x-\ln y=\ln\frac{x}{y}$ 不能减少舍入误差.

9. 正方形的边长大约为 100 cm,应怎样测量才能使其面积误差不超过 1 cm^2?

解　正方形的面积函数为 $A(x)=x^2$,所以 $\varepsilon(A^*)=2x^*\cdot\varepsilon(x^*)$.

当 $x^*=100$ 时,则 $\varepsilon(A^*)=2x^*\cdot\varepsilon(x^*)=200\cdot\varepsilon(x^*)$. 若 $\varepsilon(A^*)\leqslant 1$,则

$$\varepsilon(x^*)\leqslant\frac{1}{200}=\frac{1}{2}\times 10^{-2},$$

即测量中边长误差限不超过 0.005 cm 时,才能使面积误差不超过 1 cm^2.

10. 设 $S=\frac{1}{2}gt^2$,假定 g 是准确的,而对 t 的测量有 ± 0.1 s 的误差,证明当 t 增加时 S 的

绝对误差增加，而相对误差却减少.

证明 因为 $S=\frac{1}{2}gt^2$，所以 $\varepsilon(S)=gt\cdot\varepsilon(t)=0.1gt$. 又

$$\varepsilon_r(S)=\frac{\varepsilon(S)}{|S|}=\frac{gt\cdot\varepsilon(t)}{\frac{1}{2}gt^2}=2\frac{\varepsilon(t)}{t}=\frac{0.2}{t},$$

所以当 t 增加时 S 的绝对误差增加，相对误差减少.

11. 序列$\{y_n\}$满足递推关系

$$y_n=10y_{n-1}-1,\quad n=1,2,\cdots,$$

若 $y_0=\sqrt{2}\approx1.41$(三位有效数字)，计算到 y_{10}时误差有多大？这个计算过程稳定吗？

解 由递推关系式

$$\begin{aligned}y_n&=10y_{n-1}-1=10(10y_{n-2}-1)-1\\&=10^2y_{n-2}-[1+10^1]\\&=10^2(10y_{n-3}-1)-[1+10^1]\\&=10^3y_{n-3}-[1+10^1+10^2]\\&=\cdots\\&=10^ny_0-\sum_{i=0}^{n-1}10^i\\&=10^ny_0-\frac{1}{9}(10^n-1)\\&=10^n\left(\sqrt{2}-\frac{1}{9}\right)+\frac{1}{9},\end{aligned}$$

于是

$$y_{10}=10^{10}\left(\sqrt{2}-\frac{1}{9}\right)+\frac{1}{9},\quad y_{10}^*=10^{10}\left(1.41-\frac{1}{9}\right)+\frac{1}{9},$$

$$\varepsilon(y_{10}^*)=10^{10}\varepsilon(y_0^*)=10^{10}\times\frac{1}{2}\times10^{-2}=\frac{1}{2}\times10^8,$$

由于 y_{10}的误差限是 y_0 误差限的 10^{10}倍，所以这个计算过程不稳定.

12. 计算 $f=(\sqrt{2}-1)^6$，取$\sqrt{2}\approx1.4$，利用下列等式计算，哪一个得到的结果最好？

$$\frac{1}{(\sqrt{2}+1)^6},\quad(3-2\sqrt{2})^3,$$

$$\frac{1}{(3+2\sqrt{2})^3},\quad 99-70\sqrt{2}.$$

解 设 $y=(x-1)^6$，若 $x=\sqrt{2}$，$x^*=1.4$，则 $\varepsilon(x^*)=\frac{1}{2}\times10^{-1}$.

若通过$\frac{1}{(\sqrt{2}+1)^6}$计算 y 值，即计算函数 $f(x)=(x+1)^{-6}$在 $x^*=\sqrt{2}$处的值. 由于 $f'(x)=-6(x+1)^{-7}$，故由$\varepsilon(f(x^*))\approx|f'(x^*)|\varepsilon(x^*)$，得

$$\varepsilon(y^*)=\left|-6\times\frac{1}{(x^*+1)^7}\right|\cdot\varepsilon(x^*)=\frac{6}{x^*+1}y^*\varepsilon(x^*)=2.5y^*\varepsilon(x^*).$$

若通过$(3-2\sqrt{2})^3$计算 y 值，即计算函数 $f(x)=(3-2x)^3$ 在 $x^*=\sqrt{2}$处的值. 由于 $f'(x)=-6(3-2x)^2$，故得

$$\varepsilon(y^*)=|-6(3-2x^*)^2|\cdot\varepsilon(x^*)=\frac{6}{3-2x^*}y^*\varepsilon(x^*)=30y^*\varepsilon(x^*).$$

若通过$\frac{1}{(3+2\sqrt{2})^3}$计算 y 值，即计算函数 $f(x)=(3+2x)^{-3}$在 $x^*=\sqrt{2}$处的值. 由于 $f'(x)=-6(3+2x)^{-4}$，故得

$$\varepsilon(y^*)=\left|\frac{-6}{(3+2x^*)^4}\right|\cdot\varepsilon(x^*)=6\times\frac{1}{3+2x^*}y^*\varepsilon(x^*)\approx 1.0345y^*\varepsilon(x^*).$$

若通过 $99-70\sqrt{2}$计算 y 值，即计算函数 $f(x)=99-70x$ 在 $x^*=\sqrt{2}$处的值. 由于 $f'(x)=-70$，故得

$$\varepsilon^*(y)=|-70|\cdot\varepsilon(x^*)=70\varepsilon(x^*).$$

比较 4 个结果并注意 $y^*<1$ 知，通过$\frac{1}{(3+2\sqrt{2})^3}$计算得到的结果最好.

13. $f(x)=\ln(x-\sqrt{x^2-1})$，求 $f(30)$的值. 若开平方用 6 位函数表，问求对数时误差有多大？若改用另一等价公式

$$\ln(x-\sqrt{x^2-1})=-\ln(x+\sqrt{x^2-1})$$

计算，求对数时误差有多大？

解　因为 $f(x)=\ln(x-\sqrt{x^2-1})$，所以 $f(30)=\ln(30-\sqrt{899})$.

设 $u=\sqrt{899}$，$y=f(30)$，则由 6 位函数表 $u^*=29.9833$，因而

$$\varepsilon(u^*)=\frac{1}{2}\times 10^{-4}.$$

对于 $f(u)=\ln(30-u)$，有 $f'(u)=\frac{-1}{30-u}$. 由 $\varepsilon(f(u^*))\approx|f'(u^*)|\varepsilon(u^*)$，得

$$\varepsilon(y^*)\approx\frac{1}{|30-u^*|}\cdot\varepsilon(u^*)=\frac{1}{0.0167}\cdot\varepsilon(u^*)\approx 3\times 10^{-3}.$$

若改用另一等价公式

$$\ln(x-\sqrt{x^2-1})=-\ln(x+\sqrt{x^2-1}),$$

则 $f(30)=-\ln(30+\sqrt{899})$. 此时 $f(u)=-\ln(30+u)$，故 $f'(u)=-\frac{1}{30+u}$. 于是

$$\varepsilon(y^*)=\left|-\frac{1}{30+u^*}\right|\cdot\varepsilon(u^*)=\frac{1}{59.9833}\cdot\varepsilon(u^*)\approx 8\times 10^{-7}.$$

所以用等价公式 $\ln(x-\sqrt{x^2-1})=-\ln(x+\sqrt{x^2-1})$计算误差较小.

14. 用秦九韶算法求多项式 $p(x)=3x^5-2x^3+x+7$ 在 $x=3$ 处的值.

解　由秦九韶算法，有

$$p(x)=3x^5-2x^3+x+7=((3x^2-2)x^2+1)x+7.$$

当 $x=3$ 时

$$p(3)=((3\times3^2-2)\times3^2+1)\times3+7=685.$$

15. 用迭代法 $x_{k+1}=\dfrac{1}{1+x_k}(k=0,1,\cdots)$ 求方程 $x^2+x-1=0$ 的正根 $x^*=\dfrac{-1+\sqrt{5}}{2}$，取 $x_0=1$，计算到 x_5，问 x_5 有几位有效数字.

解 取 $x_0=1$，利用迭代公式 $x_{k+1}=\dfrac{1}{1+x_k}(k=0,1,\cdots)$，有

$$x_1=0.5,\quad x_2=0.666\,667,\quad x_3=0.6,\quad x_4=0.625,\quad x_5=0.615\,384.$$

由于

$$x^*=\frac{-1+\sqrt{5}}{2}=0.618\,033\cdots,$$

$$|x^*-x_5|=0.002\,65\cdots<\frac{1}{2}\times10^{-2},$$

所以 x_5 有 2 位有效数字.

16. 用不同的方法计算积分 $\int_0^{1/2}e^x\,dx$：

(1) 用原函数计算到 6 位小数.

(2) 用复合梯形公式(4.7)，取步长 $h=\dfrac{1}{4}$.

(3) 利用 T_1 及 T_2 的松弛法(4.8)求 S_1.

解 (1) 被积函数 e^x 的原函数仍为 e^x，故由牛顿—莱布尼茨公式

$$\int_0^{1/2}e^x\,dx=e^{1/2}-e^0\approx0.648\,721.$$

(2) 由复合梯形公式

$$\int_0^{1/2}e^x\,dx=\sum_{i=1}^{2}\frac{h}{2}[f(x_{i-1})+f(x_i)]=\frac{1}{8}[e^0+2e^{1/4}+e^{1/2}]\approx0.652\,096.$$

(3) 由梯形公式

$$T_1=\frac{1}{4}[e^0+e^{1/2}]\approx0.662\,180,$$

$$T_2=\frac{1}{8}[e^0+2e^{1/4}+e^{1/2}]\approx0.652\,096,$$

代入松弛法公式，得

$$S_1=\frac{4}{3}T_2-\frac{1}{3}T_1\approx0.648\,735.$$

17. 将 15 题迭代前后的值加权平均构成迭代公式

$$x_{k+1}=\omega x_k+(1-\omega)\frac{1}{1+x_k}.$$

验证若取 $\omega=\dfrac{7}{25}$，则上述公式比 15 题迭代收敛快.

解　取 $x_0=1,\omega=\frac{7}{25}$，将 15 题及本题的加权平均迭代公式计算结果列表如下：

k	$x_{k+1}=\frac{1}{1+x_k}$	有效数位	$x_{k+1}=\omega x_k+(1-\omega)\frac{1}{1+x_k}$	有效数位
0	1		1	
1	0.5		0.64	1
2	0.666 667	1	0.618 024	4
3	0.6	1	0.618 034	5
4	0.625	1		
5	0.615 384	2		

可见加权平均迭代公式的收敛速度大大加快.

第2章　插　值　法

复习与思考题解答

1. 什么是拉格朗日插值基函数？它们是如何构造的？有何重要性质？

答　若 n 次多项式 $l_j(x)(j=0,1,\cdots,n)$ 在 $n+1$ 个节点 $x_0<x_1<\cdots<x_n$ 上满足条件

$$l_j(x_k)=\begin{cases}1, & k=j,\\ 0, & k\neq j,\end{cases}\quad j,k=0,1,\cdots,n,$$

则称这 $n+1$ 个 n 次多项式 $l_0(x),l_1(x),\cdots,l_n(x)$ 为节点 $x_0,x_1,\cdots,x_n$ 上的 n 次拉格朗日插值基函数.

以 $l_k(x)$ 为例，由 $l_k(x)$ 所满足的条件知 $l_k(x)$ 以 $x_0,\cdots,x_{k-1},x_{k+1},\cdots,x_n$ 为零点，再考虑到 $l_k(x)$ 为 n 次多项式，故可设

$$l_k(x)=A(x-x_0)\cdots(x-x_{k-1})(x-x_{k+1})\cdots(x-x_n),$$

其中 A 为常数，利用 $l_k(x_k)=1$ 得

$$1=A(x_k-x_0)\cdots(x_k-x_{k-1})(x_k-x_{k+1})\cdots(x_k-x_n),$$

故

$$A=\frac{1}{(x_k-x_0)\cdots(x_k-x_{k-1})(x_k-x_{k+1})\cdots(x_k-x_n)},$$

即

$$l_k(x)=\frac{(x-x_0)\cdots(x-x_{k-1})(x-x_{k+1})\cdots(x-x_n)}{(x_k-x_0)\cdots(x_k-x_{k-1})(x_k-x_{k+1})\cdots(x_k-x_n)}=\prod_{\substack{j=0\\ j\neq k}}^{n}\frac{x-x_j}{x_k-x_j}.$$

对于 $l_i(x)(i=0,1,\cdots,n)$，有 $\sum\limits_{i=0}^{n}x_i^k l_i(x)=x^k(k=0,1,\cdots,n)$，特别当 $k=0$ 时，有

$$\sum_{i=0}^{n}l_i(x)=1.$$

2. 什么是牛顿基函数？它与单项式基 $\{1,x,\cdots,x^n\}$ 有何不同？

答　称 $\{1,x-x_0,(x-x_0)(x-x_1),\cdots,(x-x_0)\cdots(x-x_{n-1})\}$ 为节点 $x_0,x_1,\cdots,x_n$ 上的牛顿基函数，利用牛顿基函数，节点 $x_0,x_1,\cdots,x_n$ 上函数 $f(x)$ 的 n 次牛顿插值多项式 $P_n(x)$ 可以表示为

$$P_n(x)=a_0+a_1(x-x_0)+\cdots+a_n(x-x_0)\cdots(x-x_{n-1}),$$

其中 $a_k=f[x_0,x_1,\cdots,x_k](k=0,1,\cdots,n)$. 与拉格朗日插值多项式不同，牛顿插值基函数在增加节点时可以通过递推逐步得到高次的插值多项式，例如

$$P_{k+1}(x)=P_k(x)+a_{k+1}(x-x_0)\cdots(x-x_k),$$

其中 a_{k+1} 是节点 $x_0,x_1,\cdots,x_{k+1}$ 上的 $k+1$ 阶差商，这一点要比使用单项式基 $\{1,x,\cdots,x^n\}$ 方便得多.

3. 什么是函数的 n 阶均差？它有何重要性质？

答 称 $f[x_0,x_k]=\dfrac{f(x_k)-f(x_0)}{x_k-x_0}$ 为函数 $f(x)$ 关于点 x_0,x_k 的一阶均差，称 $f[x_0,x_1,x_k]=\dfrac{f[x_0,x_k]-f[x_0,x_1]}{x_k-x_1}$ 为 $f(x)$ 关于点 x_0,x_1,x_k 的二阶均差. 一般地，称

$$f[x_0,x_1,\cdots,x_n]=\frac{f[x_0,\cdots,x_{n-2},x_n]-f[x_0,x_1,\cdots,x_{n-1}]}{x_n-x_{n-1}}$$

为 $f(x)$ 关于点 $x_0,x_1,\cdots,x_n$ 的 n 阶均差.

均差具有如下基本性质：

(1) n 阶均差可以表示为函数值 $f(x_0),f(x_1),\cdots,f(x_n)$ 的线性组合，即

$$f[x_0,x_1,\cdots,x_n]=\sum_{j=0}^{n}\frac{f(x_j)}{(x_j-x_0)\cdots(x_j-x_{j-1})(x_j-x_{j+1})\cdots(x_j-x_n)},$$

该性质说明均差与节点的排列次序无关，即均差具有对称性.

(2) $f[x_0,x_1,\cdots,x_n]=\dfrac{f[x_1,x_2,\cdots,x_n]-f[x_0,x_1,\cdots,x_{n-1}]}{x_n-x_0}$.

(3) 若 $f(x)$ 在 $[a,b]$ 上存在 n 阶导数，且节点 $x_0,x_1,\cdots,x_n\in[a,b]$，则 n 阶均差与 n 阶导数的关系为

$$f[x_0,x_1,\cdots,x_n]=\frac{f^{(n)}(\xi)}{n!},\quad \xi\in[a,b].$$

4. 写出 $n+1$ 个点的拉格朗日插值多项式与牛顿均差插值多项式，它们有何异同？

答 给定区间 $[a,b]$ 上 $n+1$ 个点

$$a\leqslant x_0<x_1<\cdots<x_n\leqslant b$$

上的函数值 $y_i=f(x_i)(i=0,1,\cdots,n)$，则这 $n+1$ 个节点上的拉格朗日插值多项式为

$$L_n(x)=\sum_{k=0}^{n}y_kl_k(x),$$

其中

$$l_k(x)=\prod_{\substack{j=0\\ j\neq k}}^{n}\left(\frac{x-x_j}{x_k-x_j}\right),\quad k=0,1,\cdots,n.$$

这 $n+1$ 个节点上的牛顿插值多项式为

$$P_n(x)=a_0+a_1(x-x_0)+\cdots+a_n(x-x_0)\cdots(x-x_{n-1}),$$

其中 $a_k=f[x_0,x_1,\cdots,x_k](k=0,1,\cdots,n)$ 为 $f(x)$ 在点 $x_0,x_1,\cdots,x_k$ 上的 k 阶均差.

由插值多项式的唯一性，$L_n(x)$ 与 $P_n(x)$ 是相同的多项式，其差别只是使用的基底不同，牛顿插值多项式具有承袭性，当增加节点时只需增加一项，前面的工作依然有效，因而牛顿插值比较方便计算，而拉格朗日插值没有这个优点.

5. 插值多项式的确定相当于求解线性方程组 $\boldsymbol{Ax}=\boldsymbol{y}$，其中系数矩阵 $\boldsymbol{A}$ 与使用的基函数有关. $\boldsymbol{y}$ 包含的是要满足的函数值 $(y_0,y_1,\cdots,y_n)^{\mathrm{T}}$. 用下列基底作多项式插值时，试描述矩阵

$\boldsymbol{A}$ 中非零元素的分布.

(1)单项式基底；(2)拉格朗日基底；(3)牛顿基底.

答 (1) 若使用单项式基底，则可设 $P_n(x)=a_0+a_1x+\cdots+a_nx^n$，其中 $a_0,a_1,\cdots,a_n$ 为待定系数. 利用插值条件，有

$$\begin{cases} a_0+a_1x_0+\cdots+a_nx_0^n=y_0, \\ a_0+a_1x_1+\cdots+a_nx_1^n=y_1, \\ \qquad\vdots \\ a_0+a_1x_n+\cdots+a_nx_n^n=y_n. \end{cases}$$

因此，线性方程组 $\boldsymbol{Ax}=\boldsymbol{y}$ 的系数矩阵 $\boldsymbol{A}$ 为

$$\boldsymbol{A}=\begin{bmatrix} 1 & x_0 & \cdots & x_0^n \\ 1 & x_1 & \cdots & x_1^n \\ \vdots & \vdots & & \vdots \\ 1 & x_n & \cdots & x_n^n \end{bmatrix},$$

称其为范德蒙德矩阵.

(2) 若使用拉格朗日基底，则设 $L_n(x)=a_0l_0(x)+a_1l_1(x)+\cdots+a_nl_n(x)$，其中 $l_k(x)$ 为拉格朗日插值基函数，$a_0,a_1,\cdots,a_n$ 为待定系数. 利用插值条件，有

$$\begin{cases} a_0l_0(x_0)+a_1l_1(x_0)+\cdots+a_nl_n(x_0)=y_0, \\ a_0l_0(x_1)+a_1l_1(x_1)+\cdots+a_nl_n(x_1)=y_1, \\ \qquad\vdots \\ a_0l_0(x_n)+a_1l_1(x_n)+\cdots+a_nl_n(x_n)=y_n. \end{cases}$$

由拉格朗日插值基函数性质，线性方程组 $\boldsymbol{Ax}=\boldsymbol{y}$ 的系数矩阵

$$\boldsymbol{A}=\begin{bmatrix} 1 & 0 & \cdots & 0 \\ 0 & 1 & \cdots & 0 \\ \vdots & \vdots & \ddots & \vdots \\ 0 & 0 & \cdots & 1 \end{bmatrix}$$

为 n 阶单位矩阵.

(3) 若使用牛顿基底，则设 $P_n(x)=a_0+a_1(x-x_0)+\cdots+a_n(x-x_0)\cdots(x-x_{n-1})$，其中 $a_0,a_1,\cdots,a_n$ 为待定系数. 由插值条件，有

$$\begin{cases} a_0+a_1(x_0-x_0)+\cdots+a_n(x_0-x_0)\cdots(x_0-x_{n-1})=y_0, \\ a_0+a_1(x_1-x_0)+\cdots+a_n(x_1-x_0)\cdots(x_1-x_{n-1})=y_1, \\ \qquad\vdots \\ a_0+a_1(x_n-x_0)+\cdots+a_n(x_n-x_0)\cdots(x_n-x_{n-1})=y_n, \end{cases}$$

即

$$\begin{cases} a_0=y_0, \\ a_0+a_1(x_1-x_0)=y_1, \\ \qquad\vdots \\ a_0+a_1(x_n-x_0)+\cdots+a_n(x_n-x_0)\cdots(x_n-x_{n-1})=y_n. \end{cases}$$

故线性方程组 $\boldsymbol{Ax}=\boldsymbol{y}$ 的系数矩阵

$$\boldsymbol{A}=\begin{bmatrix}1 & & & & \\ 1 & x_1-x_0 & & & \\ 1 & x_2-x_0 & (x_2-x_0)(x_2-x_1) & & \\ \vdots & \vdots & \vdots & \ddots & \\ 1 & x_n-x_0 & (x_n-x_0)(x_n-x_1) & \cdots & (x_n-x_0)(x_n-x_1)\cdots(x_n-x_{n-1})\end{bmatrix},$$

为 n 阶下三角矩阵.

6. 用上题给出的三种不同基底构造插值多项式的方法确定基函数系数，试按工作量由低到高给出排序.

答 若用上述三种构造插值多项式的方法确定基函数系数，则工作量由低到高分别为拉格朗日基底，牛顿基底，单项式基底. 因为它们所对应的系数矩阵分别为单位矩阵、下三角矩阵和基本上各元素非零的范德蒙德矩阵.

7. 给出插值多项式的余项表达式，如何用它估计截断误差？

答 设 $f^{(n)}(x)$ 在 $[a,b]$ 上连续，$f^{(n+1)}(x)$ 在 (a,b) 内存在，节点 $a\leqslant x_0<x_1<\cdots<x_n\leqslant b$，$L_n(x)$ 是满足条件 $L_n(x_j)=y_j\ (j=0,1,\cdots,n)$ 的插值多项式，则对任何 $x\in[a,b]$，插值余项

$$R_n(x)=f(x)-L_n(x)=\frac{f^{(n+1)}(\xi)}{(n+1)!}\omega_{n+1}(x),$$

这里 $\xi\in(a,b)$ 且与 x 有关，$\omega_{n+1}(x)=(x-x_0)(x-x_1)\cdots(x-x_n)$.

若有 $\max\limits_{a\leqslant x\leqslant b}|f^{(n+1)}(x)|=M_{n+1}$，则 $L_n(x)$ 逼近 $f(x)$ 的截断误差

$$|R_n(x)|\leqslant\frac{M_{n+1}}{(n+1)!}|\omega_{n+1}(x)|.$$

8. 埃尔米特插值与一般函数插值区别是什么？什么是泰勒多项式？它是什么条件下的插值多项式？

答 一般函数插值要求插值多项式与被插函数在插值节点上函数值相等，而埃尔米特插值除要求插值多项式与被插值函数在插值节点上函数值相等之外，还要求在节点上插值多项式与被插值函数的一阶导数值甚至高阶导数值也相等.

称

$$P_n(x)=f(x_0)+f'(x_0)(x-x_0)+\cdots+\frac{f^{(n)}(x_0)}{n!}(x-x_0)^n$$

为 $f(x)$ 在点 x_0 的泰勒插值多项式，泰勒插值是一个埃尔米特插值，插值条件为

$$P_n^{(k)}(x_0)=f^{(k)}(x_0),\quad k=0,1,\cdots,n,$$

泰勒插值实际上是牛顿插值的极限形式，是只在一点 x_0 处给出 $n+1$ 个插值条件得到的 n 次埃尔米特插值多项式.

9. 为什么高次多项式插值不能令人满意？分段低次插值与单个高次多项式插值相比有何优点？

答 对于任意的插值节点，当 $n\to\infty$ 时，$L_n(x)$ 不一定收敛于 $f(x)$，如龙格对函数 $f(x)=$

$\frac{1}{1+x^2}$做高次插值时就会出现振荡现象.因而插值多项式的次数升高后,插值效果并不一定能令人满意.

分段低次插值是将插值区间分成若干个小区间,在每个小区间上进行低次插值,这样在整个插值区间,插值多项式为分段低次多项式,可以避免单个高次插值的振荡现象.

10. 三次样条插值与三次分段埃尔米特插值有何区别?哪一个更优越?请说明理由.

答 三次样条插值要求插值函数$S(x)$在整个区间上是二次连续可微的,即$S(x)\in C^2[a,b]$,且在每个小区间$[x_j,x_{j+1}]$上是三次多项式,插值条件为

$$S(x_j)=y_j,\quad j=0,1,\cdots,n.$$

三次分段埃尔米特插值多项式$I_h(x)$是插值区间$[a,b]$上的分段三次多项式,且$I_h(x)$在整个区间上是一次连续可微的,即$I_h(x)\in C^1[a,b]$,插值条件为

$$I_h(x_k)=f(x_k),\quad I_h'(x_k)=f'(x_k),\quad k=0,1,\cdots,n.$$

分段三次埃尔米特插值多项式不仅要使用被插函数在节点处的函数值,而且还需要节点处的导数值,且插值多项式在插值区间是一次连续可微的.三次样条函数只需给出节点处的函数值,但插值多项式的光滑性较高,在插值区间上二次连续可微,所以相比之下,三次样条插值更优越一些(注意要添加边界条件).

11. 确定$n+1$个节点的三次样条插值函数需要多少个参数?为确定这些参数,需加上什么条件?

答 由于三次样条函数$S(x)$在每个小区间上是三次多项式,其形式为$a+bx+cx^2+dx^3$,所以在每个小区间$[x_j,x_{j+1}]$上要确定4个待定参数,$n+1$个节点共有n个小区间,故应确定$4n$个参数,而根据插值条件,$S(x_j)=y_j(j=0,1,\cdots,n)$和一次连续可微所隐含的条件$S'(x_i-0)=S'(x_i+0)(i=1,2,\cdots,n-1)$,共有$4n-2$个条件,因此还需要加上2个条件,通常可在区间$[a,b]$的端点$a=x_0,b=x_n$上各加一个边界条件,常用的边界条件有3种:

(1) 已知两端的一阶导数值,即

$$S'(x_0)=f_0',\quad S'(x_n)=f_n'.$$

(2) 已知两端的二阶导数值,即

$$S''(x_0)=f_0'',\quad S''(x_n)=f_n''.$$

特殊情况为自然边界条件

$$S''(x_0)=0,\quad S''(x_n)=0.$$

(3) 当$f(x)$是以x_n-x_0为周期的周期函数时,要求$S(x)$也是周期函数,这时边界条件就满足

$$S(x_0+0)=S(x_n-0),\quad S'(x_0+0)=S'(x_n-0),\quad S''(x_0+0)=S''(x_n-0).$$

这时$S(x)$称为周期样条函数.

12. 判断下列命题是否正确?

(1) 对给定的数据作插值,插值函数个数可以有许多.

(2) 如果给定点集的多项式插值是唯一的,则其多项式表达式也是唯一的.

(3) $l_i(x)(i=0,1,\cdots,n)$ 是关于节点 $x_i(i=0,1,\cdots,n)$ 的拉格朗日插值基函数，则对任何次数不大于 n 的多项式 $P(x)$ 都有 $\sum_{i=0}^{n} l_i(x)P(x_i)=P(x)$.

(4) 当 $f(x)$为连续函数，节点 $x_i(i=0,1,\cdots,n)$为等距节点，构造拉格朗日插值多项式 $L_n(x)$，则 n 越大 $L_n(x)$越接近 $f(x)$.

(5) 当 $f(x)$满足一定的连续可微条件时，若构造三次样条插值函数 $S_n(x)$，则 n 越大得到的三次样条函数 $S_n(x)$越接近 $f(x)$.

(6) 高次拉格朗日插值是很常用的.

(7) 函数 $f(x)$的牛顿插值多项式 $P_n(x)$，如果 $f(x)$的各阶导数均存在，则当 $x_i\to x_0$ $(i=0,1,\cdots,n)$时，$P_n(x)$就是 $f(x)$在 x_0 点的泰勒多项式.

答 (1) 对. 因为可以取不同的数据构造相同或不同次数的插值多项式.

(2) 错. $n+1$ 个节点上的拉格朗日插值和牛顿插值就是表示形式不同的两种插值多项式.

(3) 对. 因为这时插值余项为零.

(4) 错. 当 $n\to\infty$时，$L_n(x)$并一定收敛到 $f(x)$. 如龙格对函数 $f(x)=\dfrac{1}{1+x^2}$做高次插值时所出现的振荡现象.

(5) 对. 因为有结论：设 $f(x)\in C^4[a,b]$，$S(x)$为满足第一种或第二种边界条件的三次样条函数. 若令 $h_i=x_{i+1}-x_i(i=0,1,\cdots,n-1)$，$h=\max\limits_{0\leqslant i\leqslant n-1} h_i$，则

$$\max_{a\leqslant x\leqslant b}|f^{(k)}(x)-S^{(k)}(x)|\leqslant C_k\max_{a\leqslant x\leqslant b}|f^{(4)}(x)|h^{4-k},\quad k=0,1,2$$

其中 C_k 为常数.

(6) 错. 高次拉格朗日插值不一定具有收敛性，因而并不常用.

(7) 对. 这可由牛顿插值及差商的性质得出.

习 题 解 答

1. 当 $x=1,-1,2$ 时，$f(x)=0,-3,4$，求 $f(x)$的二次插值多项式.

(1) 用单项式基底.

(2) 用拉格朗日插值基底.

(3) 用牛顿基底.

证明三种方法得到的多项式是相同的.

证明 插值条件为 $x_0=1,y_0=0;x_1=-1,y_1=-3;x_2=2,y_2=4$. 三个插值点可以确定二次插值多项式.

若用单项式基底，则设 $p_2(x)=a_0+a_1x+a_2x^2$，由插值条件，有

$$\begin{cases}a_0+a_1+a_2=0,\\a_0-a_1+a_2=-3,\\a_0+2a_1+4a_2=4,\end{cases}$$

解之得

$$a_0=-\frac{7}{3},\quad a_1=\frac{3}{2},\quad a_2=\frac{5}{6},$$

故 $p_2(x)=-\frac{7}{3}+\frac{3}{2}x+\frac{5}{6}x^2$.

若用拉格朗日基底，则

$$l_0(x)=\frac{(x-x_1)(x-x_2)}{(x_0-x_1)(x_0-x_2)}=\frac{(x+1)(x-2)}{(1+1)(1-2)}=-\frac{1}{2}(x+1)(x-2),$$

$$l_1(x)=\frac{(x-x_0)(x-x_2)}{(x_1-x_0)(x_1-x_2)}=\frac{(x-1)(x-2)}{(-1-1)(-1-2)}=\frac{1}{6}(x-1)(x-2),$$

$$l_2(x)=\frac{(x-x_0)(x-x_1)}{(x_2-x_0)(x_2-x_1)}=\frac{(x-1)(x+1)}{(2-1)(2+1)}=\frac{1}{3}(x-1)(x+1),$$

故

$$\begin{aligned}p_2(x)&=y_0l_0(x)+y_1l_1(x)+y_2l_2(x)\\&=-\frac{1}{2}(x-1)(x-2)+\frac{4}{3}(x-1)(x+1).\end{aligned}$$

若用牛顿基底，则

$$f(x_0)=y_0=0,$$

$$f[x_0,x_1]=\frac{y_1-y_0}{x_1-x_0}=\frac{-3-0}{-1-1}=\frac{3}{2},$$

$$f[x_1,x_2]=\frac{y_2-y_1}{x_2-x_1}=\frac{4+3}{2+1}=\frac{7}{3},$$

$$f[x_0,x_1,x_2]=\frac{f[x_1,x_2]-f[x_0,x_1]}{x_2-x_0}=\frac{\frac{7}{3}-\frac{3}{2}}{2-1}=\frac{5}{6},$$

故

$$\begin{aligned}p_2(x)&=f(x_0)+f[x_0,x_1](x-x_0)+f[x_0,x_1,x_2](x-x_0)(x-x_1)\\&=\frac{3}{2}(x-1)+\frac{5}{6}(x-1)(x+1).\end{aligned}$$

整理可知三种方法得到的是同一个多项式 $p_2(x)=-\frac{7}{3}+\frac{3}{2}x+\frac{5}{6}x^2$.

2. 给出 $f(x)=\ln x$ 的数值表：

x	0.4	0.5	0.6	0.7	0.8
$\ln x$	−0.916 291	−0.693 147	−0.510 826	−0.356 675	−0.223 144

用线性插值及二次插值计算 ln 0.54 的近似值.

解 线性插值. 由于 $x=0.54$，介于 0.5 和 0.6 之间，故取 $x_0=0.5$，$x_1=0.6$，这时插值余项中的 $w(x)=(x-x_0)(x-x_1)$的绝对值最小. 于是 $y_0=-0.693\,147$，$y_1=-0.510\,826$. 代入

拉格朗日线性插值多项式，得

$$L_1(0.54)=\frac{x-x_1}{x_0-x_1}\cdot y_0+\frac{x-x_0}{x_1-x_0}\cdot y_1$$

$$=\frac{0.54-0.6}{0.5-0.6}\times(-0.693\,147)+\frac{0.54-0.5}{0.6-0.5}\times(-0.510\,826)$$

$$\approx-0.620\,219,$$

所以 $\ln 0.54\approx L_1(0.54)\approx-0.620\,219$.

当然还可以按其他方式取 x_0,x_1，但近似程度可能差些.

二次插值. 由于 $x=0.54$ 与 0.5，0.6 及 0.4 的距离较近，故取 $x_0=0.4,x_1=0.5,x_2=0.6$，这时插值余项中的 $w(x)=(x-x_0)(x-x_1)(x-x_2)$ 的绝对值最小. 于是 $y_0=-0.916\,291$，$y_1=-0.693\,147,y_2=-0.510\,826$. 代入拉格朗日二次插值多项式，得

$$L_2(0.54)=\frac{(x-x_1)(x-x_2)}{(x_0-x_1)(x_0-x_2)}\cdot y_0+\frac{(x-x_0)(x-x_2)}{(x_1-x_0)(x_1-x_2)}\cdot y_1$$

$$+\frac{(x-x_0)(x-x_1)}{(x_2-x_0)(x_2-x_1)}\cdot y_2$$

$$=\frac{(0.54-0.5)(0.54-0.6)}{(0.4-0.5)(0.4-0.6)}\times(-0.916\,291)$$

$$+\frac{(0.54-0.4)(0.54-0.6)}{(0.5-0.4)(0.5-0.6)}\times(-0.693\,147)$$

$$+\frac{(0.54-0.4)(0.54-0.5)}{(0.6-0.4)(0.6-0.5)}\times(-0.510\,826)$$

$$\approx-0.615\,320$$

所以 $\ln 0.54\approx L_2(0.54)\approx-0.615\,320$.

当然还可以按其他方式取 x_0,x_1,x_2，但近似程度可能差些.

3. 给出 $\cos x$，$0^\circ\leqslant x\leqslant 90^\circ$ 的函数表，步长 $h=1'=(1/60)^\circ$，若函数表具有 5 位有效数字，研究用线性插值求 $\cos x$ 近似值时的总误差界.

解　由于步长 $h=1'=(1/60)^\circ$，而整个区间为 0° 至 90°，故应将整个区间分成 $90\times60=5400$ 个小区间，即

$$x_i=\frac{i}{60}\cdot\frac{\pi}{180},\quad i=0,1,2,\cdots,5400.$$

用函数值和近似值所建立的线性插值多项式分别为

$$L_1(x)=\frac{x-x_{i+1}}{x_i-x_{i+1}}f(x_i)+\frac{x-x_i}{x_{i+1}-x_i}f(x_{i+1}),$$

$$L_1^*(x)=\frac{x-x_{i+1}}{x_i-x_{i+1}}f^*(x_i)+\frac{x-x_i}{x_{i+1}-x_i}f^*(x_{i+1}),$$

这里 $x\in[x_i,x_{i+1}]$. 从而

$$|\cos x-L_1^*(x)|=|\cos x-L_1(x)+L_1(x)-L_1^*(x)|$$

$$\leqslant|\cos x-L_1(x)|+|L_1(x)-L_1^*(x)|.$$

由插值余项公式，截断误差

$$|\cos x - L_1(x)| = \left|\frac{1}{2!}(-\cos\xi)(x-x_i)(x-x_{i+1})\right|$$
$$\leqslant \frac{1}{2}|(x-x_i)(x-x_{i+1})|$$
$$\leqslant \frac{1}{2}\max_{x_i\leqslant x\leqslant x_{i+1}}|(x-x_i)(x-x_{i+1})|$$
$$\leqslant \frac{1}{2}\left[\frac{1}{2}\cdot\frac{\pi}{60\times 180}\right]^2 \approx 1.06\times 10^{-8},$$

舍入误差

$$|L_1(x) - L_1^*(x)| = \left|(f(x_i)-f^*(x_i))\frac{x-x_{i+1}}{x_i-x_{i+1}} + (f(x_{i+1})-f^*(x_{i+1}))\frac{x-x_i}{x_{i+1}-x_i}\right|$$
$$\leqslant |e(f^*(x_i))|\cdot\left|\frac{x_{i+1}-x}{x_i-x_{i+1}}\right| + |e(f^*(x_{i+1}))|\cdot\left|\frac{x-x_i}{x_{i+1}-x_i}\right|$$
$$\leqslant \max\{|e(f^*(x_i))|,|e(f^*(x_{i+1}))|\}\left(\frac{x_{i+1}-x}{x_{i+1}-x_i}+\frac{x-x_i}{x_{i+1}-x_i}\right)$$
$$= \max\{|e(f^*(x_i))|,|e(f^*(x_{i+1}))|\}.$$

由给定条件

$$|e(f^*(x_i))| \leqslant \frac{1}{2}\times 10^{-5},\quad |e(f^*(x_{i+1}))| \leqslant \frac{1}{2}\times 10^{-5},$$

故

$$|\cos x - L_1^*(x)| \leqslant 1.06\times 10^{-8} + \frac{1}{2}\times 10^{-5}.$$

在$\left[0,\frac{\pi}{2}\right]$上的总误差界

$$|\cos x - L_1^*(x)| \leqslant 1.06\times 10^{-8} + \frac{1}{2}\times 10^{-5} = 0.50106\times 10^{-5}.$$

4. 设 x_j 为互异节点($j=0,1,\cdots,n$)，求证：

(1) $\sum\limits_{j=0}^{n} x_j^k l_j(x) \equiv x^k (k=0,1,\cdots,n)$.

(2) $\sum\limits_{j=0}^{n} (x_j - x)^k l_j(x) \equiv 0 (k=1,2,\cdots,n)$.

证明 (1) 对 $k=0,1,\cdots,n$，令 $f(x)=x^k$，则函数 $f(x)$的 n 次插值多项式为

$$L_n(x) = \sum_{j=0}^{n} x_j^k l_j(x),$$

插值余项

$$R_n(x) = f(x) - L_n(x) = \frac{1}{(n+1)!}f^{(n+1)}(\xi)\omega_{n+1}(x).$$

因为 $k\leqslant n$，所以 $f^{(n+1)}(x)=\frac{\mathrm{d}^{n+1}}{\mathrm{d}x^{n+1}}x^k=0$，故 $f^{(n+1)}(\xi)=0$，于是 $R_n(x)=0$，即

$$f(x)-L_n(x)=0,$$

亦即

$$x^k=\sum_{j=0}^{n}x_j^k l_j(x),\quad k=0,1,\cdots,n.$$

(2) 对 $k=0,1,\cdots,n$，由二项式定理

$$(x_j-x)^k=\sum_{i=0}^{k}\binom{k}{i}x_j^{k-i}(-x)^i,$$

其中二项式系数

$$\binom{k}{i}=\frac{k(k-1)\cdots(k-i+1)}{i!}.$$

于是，由(1)有

$$\begin{aligned}\sum_{j=0}^{n}(x_j-x)^k l_j(x)&=\sum_{j=0}^{n}\left[\sum_{i=0}^{k}\binom{k}{i}x_j^i(-x)^{k-i}\right]l_j(x)\\&=\sum_{i=0}^{k}\binom{k}{i}(-x)^{k-i}\left(\sum_{j=0}^{n}x_j^i l_j(x)\right)\\&=\sum_{i=0}^{k}\binom{k}{i}(-x)^{k-i}x^i\\&=(x-x)^k=0.\end{aligned}$$

5. 设 $f(x)\in C^2[a,b]$ 且 $f(a)=f(b)=0$，求证：

$$\max_{a\leqslant x\leqslant b}|f(x)|\leqslant\frac{1}{8}(b-a)^2\max_{a\leqslant x\leqslant b}|f''(x)|.$$

证明 以 $x_0=a,x_1=b$ 为节点作线性插值多项式 $p_1(x)$，则

$$p_1(x)=\frac{x-b}{a-b}f(a)+\frac{x-a}{b-a}f(b).$$

因为 $f(a)=f(b)=0$，所以 $p_1(x)=0$. 而由插值余项公式有

$$f(x)-p_1(x)=\frac{1}{2!}f''(\xi)(x-a)(x-b),\quad \xi\in(a,b),$$

故

$$\begin{aligned}\max_{a\leqslant x\leqslant b}|f(x)|&\leqslant\max_{a\leqslant x\leqslant b}\frac{|f''(x)|}{2!}|(x-a)(x-b)|\\&\leqslant\max_{a\leqslant x\leqslant b}\frac{|f''(x)|}{2}\cdot\left(\frac{b-a}{2}\right)^2\\&=\frac{1}{8}(b-a)^2\max_{a\leqslant x\leqslant b}|f''(x)|.\end{aligned}$$

6. 在 $-4\leqslant x\leqslant 4$ 上给出 $f(x)=\mathrm{e}^x$ 的等距节点函数表，若用二次插值求 e^x 的近似值，要使

截断误差不超过 10^{-6}，问使用函数表的步长 h 应取多少？

解 记函数 $f(x)=e^x$ 在区间 $[-4,4]$ 上以 h 为步长的等距节点的二次插值函数为 $L_h(x)$，余项为 $R_h(x)$.

对任意 $x\in[-4,4]$，不妨设 $x\in[x_{i-1},x_{i+1}]$，则插值余项

$$R_h(x)=\frac{1}{3!}f'''(\xi)(x-x_{i-1})(x-x_i)(x-x_{i+1}).$$

令 $x=x_i+th$，则 x_{i-1},x_i,x_{i+1} 分别对应 $t=-1,0,1$，且

$$(x-x_{i-1})(x-x_i)(x-x_{i+1})=(t-1)t(t+1)h^3.$$

记 $\varphi(t)=(t-1)t(t+1)$，则 $\varphi'(t)=3t^2-1$，$\varphi(t)$ 的驻点是 $t=\pm\frac{1}{\sqrt{3}}$. 当 $t=-1,0,1$ 时，$\varphi(t)$ 之值为零，所以 $|\varphi(t)|$ 在 $[-1,1]$ 上最大值为 $\left|\varphi\left(\frac{1}{\sqrt{3}}\right)\right|=\frac{2\sqrt{3}}{9}$，即

$$|R_h(x)|=\frac{|f'''(\xi)|}{6}\left|(x-x_{i-1})(x-x_i)(x-x_{i+1})\right|$$

$$\leqslant\frac{M_3}{6}\cdot\frac{2\sqrt{3}}{9}h^3=\frac{\sqrt{3}h^3M_3}{27},$$

其中 $M_3=\max\limits_{-4\leqslant x\leqslant 4}|f'''(x)|$.

由 $f(x)=e^x$，$x\in[-4,4]$，知 $M_3=\max\limits_{-4\leqslant x\leqslant 4}|f'''(x)|=\max\limits_{-4\leqslant x\leqslant 4}|e^x|=|e^4|=54.60$，故

$$|R_h(x)|\leqslant\frac{\sqrt{3}h^3}{27}\cdot 54.60.$$

若使二次插值的截断误差不超过 10^{-6}，只需

$$|R_h(x)|\leqslant\frac{\sqrt{3}h^3}{27}\cdot 54.60\leqslant 10^{-6},$$

即 $h\leqslant 0.0066$.

7. 证明 n 阶均差有下列性质：

(1) 若 $F(x)=cf(x)$，则 $F[x_0,x_1,\cdots,x_n]=cf[x_0,x_1,\cdots,x_n]$；

(2) 若 $F(x)=f(x)+g(x)$，则 $F[x_0,x_1,\cdots,x_n]=f[x_0,x_1,\cdots,x_n]+g[x_0,x_1,\cdots,x_n]$.

证明 (1) 由差商的性质，n 阶差商可以表示为函数值 $f(x_j)(j=0,1,\cdots,n)$ 的线性组合，即

$$f[x_0,x_1,\cdots,x_n]=\sum_{j=0}^{n}\frac{f(x_j)}{\omega'_{n+1}(x_j)},$$

这样，若 $F(x)=cf(x)$，则

$$F[x_0,x_1,\cdots,x_n]=\sum_{j=0}^{n}\frac{F(x_j)}{\omega'_{n+1}(x_j)}=\sum_{j=0}^{n}\frac{cf(x_j)}{\omega'_{n+1}(x_j)}$$

$$=c\sum_{j=0}^{n}\frac{f(x_j)}{\omega'_{n+1}(x_j)}=cf[x_0,x_1,\cdots,x_n].$$

(2) 若 $F(x)=f(x)+g(x)$,则

$$\begin{aligned}F[x_0,x_1,\cdots,x_n]&=\sum_{j=0}^{n}\frac{F(x_j)}{\omega_n'(x_j)}=\sum_{j=0}^{n}\frac{f(x_j)+g(x_j)}{\omega_n'(x_j)}\\&=\sum_{j=0}^{n}\frac{f(x_j)}{\omega_n'(x_j)}+\sum_{j=0}^{n}\frac{g(x_j)}{\omega_n'(x_j)}\\&=f[x_0,x_1,\cdots,x_n]+g[x_0,x_1,\cdots,x_n].\end{aligned}$$

8. $f(x)=x^7+x^4+3x+1$,求 $f[2^0,2^1,\cdots,2^7]$及 $f[2^0,2^1,\cdots,2^8]$.

解 根据差商与微商的关系式

$$f[x_0,x_1,\cdots,x_n]=\frac{f^{(n)}(\xi)}{n!},\quad \xi\in[x_0,x_n],$$

有

$$f[2^0,2^1,\cdots,2^7]=\frac{f^{(7)}(\xi)}{7!},\quad \xi\in[2^0,2^7];$$

$$f[2^0,2^1,\cdots,2^8]=\frac{f^{(8)}(\eta)}{8!},\quad \eta\in[2^0,2^8].$$

若 $f(x)=x^7+x^4+3x+1$,则 $f^{(7)}(\xi)=7!$,$f^{(8)}(\xi)=0$,故

$$f[2^0,2^1,\cdots,2^7]=1,f[2^0,2^1,\cdots,2^8]=0.$$

9. 证明 $\Delta(f_kg_k)=f_k\Delta g_k+g_{k+1}\Delta f_k$.

证明 $\Delta(f_kg_k)=f_{k+1}g_{k+1}-f_kg_k=f_{k+1}g_{k+1}-g_{k+1}f_k+g_{k+1}f_k-f_kg_k$

$=g_{k+1}(f_{k+1}-f_k)+f_k(g_{k+1}-g_k)=g_{k+1}\Delta f_k+f_k\Delta g_k$.

10. 证明 $\sum\limits_{k=0}^{n-1}f_k\Delta g_k=f_ng_n-f_0g_0-\sum\limits_{k=0}^{n-1}g_{k+1}\Delta f_k$.

证明

$$\begin{aligned}\text{左边}&=\sum_{k=0}^{n-1}f_k\Delta g_k=f_0\Delta g_0+f_1\Delta g_1+\cdots+f_{n-1}\Delta g_{n-1}\\&=f_0(g_1-g_0)+f_1(g_2-g_1)+\cdots+f_{n-1}(g_n-g_{n-1})\\&=f_0g_1-f_0g_0+f_1g_2-f_1g_1+\cdots+f_{n-1}g_n-f_{n-1}g_{n-1},\end{aligned}$$

$$\begin{aligned}\text{右边}&=f_ng_n-f_0g_0-\sum_{k=0}^{n-1}g_{k+1}\Delta f_k\\&=f_ng_n-f_0g_0-g_1(f_1-f_0)-g_2(f_2-f_1)-\cdots-g_n(f_n-f_{n-1})\\&=f_0g_1-f_0g_0+f_1g_2-f_1g_1+\cdots+f_{n-1}g_n-f_{n-1}g_{n-1},\end{aligned}$$

左边 = 右边,所证成立.

11. 证明 $\sum\limits_{j=0}^{n-1}\Delta^2y_j=\Delta y_n-\Delta y_0$.

证明

$$\begin{aligned}\sum_{j=0}^{n-1}\Delta^2y_j&=\sum_{j=0}^{n-1}(\Delta y_{j+1}-\Delta y_j)\\&=\Delta y_1-\Delta y_0+\Delta y_2-\Delta y_1+\cdots+\Delta y_n-\Delta y_{n-1}\\&=\Delta y_n-\Delta y_0.\end{aligned}$$

12. 若 $f(x)=a_0+a_1x+\cdots+a_{n-1}x^{n-1}+a_nx^n$ 有 n 个不同实根 $x_1,x_2,\cdots,x_n$，证明：

$$\sum_{j=1}^{n}\frac{x_j^k}{f'(x_j)}=\begin{cases}0, & 0\leqslant k\leqslant n-2;\\ a_n^{-1}, & k=n-1.\end{cases}$$

证明 由给定条件知 $f(x)=a_n(x-x_1)(x-x_2)\cdots(x-x_n)$.

记 $g(x)=x^k,\omega_n(x)=\prod\limits_{j=1}^{n}(x-x_j)$，则

$$f(x)=a_n\omega_n(x),\quad f'(x_j)=a_n\omega'_n(x_j),$$

由差商的性质可得 $g[x_1,\cdots,x_k]=\sum\limits_{j=1}^{k}\dfrac{g(x_j)}{\omega'_k(x_j)}$ 及 $g[x_1,\cdots,x_k]=\dfrac{f^{(k-1)}(\xi)}{(k-1)!}$，$\xi$ 介于 $x_1,\cdots,x_k$ 之间知

$$\begin{aligned}\sum_{j=1}^{n}\frac{x_j^k}{f'(x_j)}&=\sum_{j=1}^{n}\frac{x_j^k}{a_n\omega'_n(x_j)}=\frac{1}{a_n}\sum_{j=1}^{n}\frac{x_j^k}{\omega'_n(x_j)}\\&=\frac{1}{a_n}g[x_1,x_2,\cdots,x_n]\\&=\frac{1}{a_n}\frac{g^{(n-1)}(\xi)}{(n-1)!},\end{aligned}$$

其中 ξ 介于 $x_1,x_2,\cdots,x_n$ 之间.

当 $0\leqslant k\leqslant n-2$ 时，$g^{(n-1)}(x)=\dfrac{\mathrm{d}^{n-1}}{\mathrm{d}x^{n-1}}x^k=0$，故 $g^{(n-1)}(\xi)=0$；

当 $k=n-1$ 时，$g^{(n-1)}(x)=\dfrac{\mathrm{d}^{n-1}}{\mathrm{d}x^{n-1}}x^{n-1}=(n-1)!$，故 $g^{(n-1)}(\xi)=(n-1)!$，从而得

$$\sum_{j=1}^{n}\frac{x_j^k}{f'(x_j)}=\frac{1}{a_n}\frac{g^{(n-1)}(\xi)}{(n-1)!}=\begin{cases}0, & 0\leqslant k\leqslant n-2;\\ a_n^{-1}, & k=n-1.\end{cases}$$

13. 求次数小于等于 3 的多项式 $P(x)$，使之满足条件

$$P(x_0)=f(x_0),\quad P'(x_0)=f'(x_0),$$
$$P''(x_0)=f''(x_0),\quad P(x_1)=f(x_1).$$

解 由插值条件 $P(x_0)=f(x_0),P'(x_0)=f'(x_0),P''(x_0)=f''(x_0)$ 及 $P(x)$ 的次数小于等于 3，则可设 $P(x)=f(x_0)+f'(x_0)(x-x_0)+\dfrac{1}{2}f''(x_0)(x-x_0)^2+A(x-x_0)^3$，其中 A 为常数.

利用 $P(x_1)=f(x_1)$，有

$$f(x_1)=f(x_0)+f'(x_0)(x_1-x_0)+\frac{1}{2}f''(x_0)(x_1-x_0)^2+A(x_1-x_0)^3,$$

所以

$$\begin{aligned}A&=\frac{f(x_1)-f(x_0)-f'(x_0)(x_1-x_0)-\dfrac{1}{2}f''(x_0)(x_1-x_0)^2}{(x_1-x_0)^3}\\&=\left[\frac{f[x_0,x_1]-f'(x_0)}{x_1-x_0}-\frac{1}{2}f''(x_0)\right]\frac{1}{x_1-x_0},\end{aligned}$$

故

$$P(x)=f(x_0)+f'(x_0)(x-x_0)+\frac{1}{2}f''(x_0)(x-x_0)^2$$

$$+\left[\frac{f[x_0,x_1]-f'(x_0)}{x_1-x_0}-\frac{1}{2}f''(x_0)\right]\frac{(x-x_0)^3}{x_1-x_0}.$$

14. 求次数小于等于 3 的多项式 $P(x)$，使其满足条件 $P(0)=0, P'(0)=1, P(1)=1, P'(1)=2$.

解 本题是标准的埃尔米特插值问题，可直接套用公式.

记 $x_0=0, x_1=1$，由题设知 $f(x_0)=0, f(x_1)=1, f'(x_0)=1, f'(x_1)=2$，利用两点的埃尔米特插值公式，有

$$\begin{aligned}P(x)&=\alpha_0(x)f(x_0)+\alpha_1(x)f(x_1)+\beta_0(x)f'(x_0)+\beta_1(x)f'(x_1)\\&=\alpha_1(x)+\beta_0(x)+2\beta_1(x),\end{aligned}$$

其中 $\alpha_0(x),\alpha_1(x),\beta_0(x),\beta_1(x)$ 是埃尔米特插值基函数，即

$$\alpha_1(x)=\left(1+2\frac{x-x_1}{x_0-x_1}\right)\left(\frac{x-x_0}{x_1-x_0}\right)^2=(1+2(1-x))x^2=x^2(3-2x),$$

$$\beta_0(x)=(x-x_0)\left(\frac{x-x_1}{x_0-x_1}\right)^2=x(x-1)^2,$$

$$\beta_1(x)=(x-x_1)\left(\frac{x-x_0}{x_1-x_0}\right)^2=(x-1)x^2,$$

所以

$$P(x)=x^2(3-2x)+x(x-1)^2+2x^2(x-1)=x^3-x^2+x.$$

15. 证明两点三次埃尔米特插值余项是

$$R_3(x)=f^{(4)}(\xi)(x-x_k)^2(x-x_{k+1})^2/4!,\quad \xi\in(x_k,x_{k+1}),$$

并由此求出分段三次埃尔米特插值的误差限.

证明 设插值余项为

$$R_3(x)=k(x)(x-x_k)^2(x-x_{k+1})^2,$$

对任意 $x\in[x_k,x_{k+1}]$，构造函数

$$\varphi(t)=f(t)-H_3(t)-k(x)(t-x_k)^2(t-x_{k+1})^2,$$

其中 $H_3(t)$ 是 $f(t)$ 的两点三次埃尔米特插值多项式.

由插值条件易见，$\varphi(x)$ 在 $[x_k,x_{k+1}]$ 上至少有 5 个零点，即 $t=x_1, x_k, x_{k+1}$（包括重数），对 $\varphi(t)$ 应用4 次罗尔定理，知必存在一 $\xi\in(x_k,x_{k+1})$，使 $\varphi^{(4)}(\xi)=0$，而

$$\varphi^{(4)}(t)=f^{(4)}(t)-k(x)4!,$$

故

$$f^{(4)}(\xi)-k(x)4!=0,$$

即

$$k(x)=\frac{f^{(4)}(\xi)}{4!},$$

亦即

$$R_3(x)=\frac{f^{(4)}(\xi)}{4!}(x-x_k)^2(x-x_{k+1})^2,\quad \xi\in(x_k,x_{k+1}).$$

将整个插值区间$[a,b]$插入节点 $a=x_0<x_1<\cdots<x_n=b$,记 $h_k=x_{k+1}-x_k$,$h=\max\limits_k h_k$,则分段三次埃尔米特插值的误差

$$\begin{aligned}|R(x)|&\leqslant \max_k \frac{1}{4!}\max_{x_k\leqslant x\leqslant x_{k+1}}\{|f^{(4)}(x)|\cdot|(x-x_k)^2(x-x_{k+1})^2|\}\\&\leqslant \max_k \frac{1}{4!}\max_{x_k\leqslant x\leqslant x_{k+1}}|f^{(4)}(x)|\cdot\left(\frac{h}{2}\right)^2\left(\frac{h}{2}\right)^2\\&=\frac{h^4}{384}\max_{a\leqslant x\leqslant x_b}|f^{(4)}(x)|.\end{aligned}$$

16. 求一个次数不高于 4 次的多项式 $P(x)$,使它满足 $P(0)=P'(0)=0$,$P(1)=P'(1)=1$,$P(2)=1$.

解 方法 1 由题意 $P(0)=P'(0)=0$ 知 $P(x)$以 $x=0$ 为二重零点,故可设

$$P(x)=x^2(ax^2+bx+c),$$

由插值条件 $P(1)=P'(1)=1$ 及 $P(2)=1$,有

$$\begin{cases}a+b+c=1,\\4a+3b+2c=1,\\4(4a+2b+c)=1,\end{cases}$$

解之,得

$$a=\frac{1}{4},\quad b=-\frac{3}{2},\quad c=\frac{9}{4},$$

故

$$P(x)=x^2\left(\frac{1}{4}x^2-\frac{3}{2}x+\frac{9}{4}\right)=\frac{1}{4}x^2(x-3)^2.$$

方法 2 由 $P(0)=P'(0)=0$,$P(1)=P'(1)=1$,可得两点三次埃尔米特插值多项式

$$H_3(x)=x^2(2-x).$$

而 $P(x)$是不高于 4 次的多项式,故可设 $P(x)=H_3(x)+Ax^2(x-1)^2$,由 $P(2)=1$,得 $A=\frac{1}{4}$,故

$$P(x)=x^2(2-x)+\frac{1}{4}x^2(x-1)^2=\frac{1}{4}x^2(x-3)^2.$$

17. 设 $f(x)=1/(1+x^2)$,在 $-5\leqslant x\leqslant 5$ 上取 $n=10$,按等距节点求分段线性插值函数 $I_h(x)$,计算各节点间中点处的 $I_h(x)$与 $f(x)$的值,并估计误差.

解 因 $n=10$,故 $h=\frac{5-(-5)}{10}=1$. 由分段线性插值公式,有

$$I_h(x)=\sum_{i=-5}^{5}\frac{1}{1+i^2}l_i(x),$$

其中

$$l_i(x)=\begin{cases}\dfrac{x-x_{i-1}}{x_i-x_{i-1}}=x-x_{i-1}, & x_{i-1}\leqslant x<x_i,\\ \dfrac{x-x_{i+1}}{x_i-x_{i+1}}=x_{i+1}-x, & x_i\leqslant x<x_{i+1},\\ 0, & \text{其他}.\end{cases}$$

将各节点间中点 $x_{pi}=\dfrac{x_i+x_{i+1}}{2}$ 代入 $f(x)$ 及 $I_h(x)$ 中，可得各节点间中点处的值 $I_h(x_{pi})$，$f(x_{pi})(i=-5,-4,\cdots,3,4)$. 余项

$$R_1(x)=f(x)-I_h(x)=\frac{f''(\xi)}{2}(x-x_i)(x-x_{i+1}),\quad \xi\in(x_i,x_{i+1}),$$

故

$$|R_1(x)|=|f(x)-I_h(x)|\leqslant\frac{1}{2}\max_{-5\leqslant x\leqslant 5}|f''(x)|\cdot\frac{h}{2}\cdot\frac{h}{2},$$

而 $f''(x)=-\dfrac{2(1-3x^2)}{(1+x^2)^3}$，$f'''(x)=\dfrac{24x(1-x^2)}{(1+x^2)^4}$，故 $\max\limits_{-5\leqslant x\leqslant 5}|f''(x)|=2$，从而

$$|R_1(x)|\leqslant\frac{h^2}{8}\times 2=\frac{h^2}{4}=\frac{1}{16}.$$

18. 求 $f(x)=x^2$ 在 $[a,b]$ 上的分段线性插值函数 $I_h(x)$，并估计误差.

解 设插值节点为 $a=x_0<x_1<\cdots<x_n=b$，$h_k=x_{k+1}-x_k$，$h=\max\limits_k h_k$，则分段线性插值函数

$$I_h(x)=\sum_{i=0}^{n}f(x_i)l_i(x)=\sum_{i=0}^{n}x_i^2l_i(x),$$

其中

$$l_i(x)=\begin{cases}\dfrac{x-x_{i-1}}{x_i-x_{i-1}}, & x_{i-1}\leqslant x<x_i,\\ \dfrac{x-x_{i+1}}{x_i-x_{i+1}}, & x_i\leqslant x<x_{i+1},\\ 0, & \text{其他}.\end{cases}$$

插值误差 $R_1(x)$ 满足

$$|R_1(x)|=|f(x)-I_h(x)|=\left|\frac{f''(\xi)}{2}(x-x_i)(x-x_{i+1})\right|,\quad \xi\in(x_i,x_{i+1}).$$

由于 $f(x)=x^2$，所以 $f''(x)=2$，故

$$|R_1(x)|\leqslant\frac{2}{2}\cdot\frac{h}{2}\cdot\frac{h}{2}=\frac{h^2}{4}.$$

19. 求 $f(x)=x^4$ 在 $[a,b]$ 上的分段埃尔米特插值，并估计误差.

解 设插值节点为 $a=x_0<x_1<\cdots<x_n=b$，$h_k=x_{k+1}-x_k$，$h=\max\limits_k h_k$，则由分段三次埃尔米特插值公式，有

$$I_h(x)=\sum_{i=0}^{n}[\alpha_i(x)f(x_i)+\beta_i(x)f'(x_i)]=\sum_{i=0}^{n}[x_i^4\alpha_i(x)+4x_i^3\beta_i(x)],$$

其中

$$\alpha_i(x)=\begin{cases}\left(\dfrac{x-x_{i-1}}{x_i-x_{i-1}}\right)^2\left(1+2\,\dfrac{x-x_i}{x_{i-1}-x_i}\right), & x_{i-1}\leqslant x<x_i,i\neq 0,\\ \left(\dfrac{x-x_{i+1}}{x_i-x_{i+1}}\right)^2\left(1+2\,\dfrac{x-x_i}{x_{i+1}-x_i}\right), & x_i\leqslant x<x_{i+1},i\neq n,\\ 0, & \text{其他},\end{cases}$$

$$\beta_i(x)=\begin{cases}\left(\dfrac{x-x_{i-1}}{x_i-x_{i-1}}\right)^2(x-x_i), & x_{i-1}\leqslant x<x_i,i\neq 0,\\ \left(\dfrac{x-x_{i+1}}{x_i-x_{i+1}}\right)^2(x-x_i), & x_i\leqslant x<x_{i+1},i\neq n,\\ 0, & \text{其他}.\end{cases}$$

由于 $f(x)=x^4$，所以 $f^{(4)}(x)=4!$，利用定理 4，插值余项 $R_3(x)$满足

$$|R_3(x)|=|f(x)-I_h(x)|\leqslant\max_{a\leqslant x\leqslant b}|f(x)-I_h(x)|$$

$$\leqslant\frac{h^4}{384}\cdot\max_{a\leqslant x\leqslant b}|f^{(4)}(x)|=\frac{h^4}{384}\cdot 4!=\frac{h^4}{16}.$$

20. 给定数据表如下：

x_j	0.25	0.30	0.39	0.45	0.53
y_j	0.5000	0.5477	0.6245	0.6708	0.7280

试求三次样条插值 $S(x)$，并满足条件：

(1) $S'(0.25)=1.0000, S'(0.53)=0.6868$;

(2) $S''(0.25)=S''(0.53)=0$.

解 由给定数据知

$$h_0=x_1-x_0=0.05,\quad h_1=x_2-x_1=0.09,$$

$$h_2=x_3-x_2=0.06,\quad h_3=x_4-x_3=0.08.$$

由

$$\mu_j=\frac{h_{j-1}}{h_{j-1}+h_j},\quad \lambda_j=\frac{h_j}{h_{j-1}+h_j},$$

有

$$\mu_1=\frac{5}{14},\quad \lambda_1=\frac{9}{14},\quad \mu_2=\frac{3}{5},\quad \lambda_2=\frac{2}{5},$$

$$\mu_3=\frac{3}{7},\quad \lambda_3=\frac{4}{7},\quad \mu_4=1,\quad \lambda_0=1.$$

均差

$$f[x_0,x_1]=\frac{f(x_1)-f(x_0)}{x_1-x_0}=0.9540,\quad f[x_1,x_2]-0.8533,$$

$$f[x_2,x_3]=0.7717,\quad f[x_3,x_4]=0.7150.$$

(1) 若边界条件 $S'(0.25)=1.0000$，$S'(0.53)=0.6868$，则

$$d_0=\frac{6}{h_0}(f[x_0,x_1]-f'_0)=-5.52,$$

$$d_1=6\,\frac{f[x_1,x_2]-f[x_0,x_1]}{h_0+h_1}=-4.3157,$$

$$d_2=6\,\frac{f[x_2,x_3]-f[x_1,x_2]}{h_1+h_2}=-3.2640,$$

$$d_3=6\,\frac{f[x_3,x_4]-f[x_2,x_3]}{h_2+h_3}=-2.4300,$$

$$d_4=\frac{6}{h_3}(f'_4-f[x_3,x_4])=-2.1150.$$

由此得矩阵形式的三弯矩方程为

$$\begin{bmatrix}2 & 1 & & & \\ \frac{5}{14} & 2 & \frac{9}{14} & & \\ & \frac{3}{5} & 2 & \frac{2}{5} & \\ & & \frac{3}{7} & 2 & \frac{4}{7} \\ & & & 1 & 2\end{bmatrix}\begin{bmatrix}M_0\\M_1\\M_2\\M_3\\M_4\end{bmatrix}=\begin{bmatrix}-5.5200\\-4.3157\\-3.2640\\-2.4300\\-2.1150\end{bmatrix},$$

解得 $M_0=-2.0278$，$M_1=-1.4643$，$M_2=-1.0313$，$M_3=-0.8072$，$M_4=-0.6539$.

利用三次样条表达式

$$S(x)=M_j\,\frac{(x_{j+1}-x)^3}{6h_j}+M_{j+1}\,\frac{(x-x_j)^3}{6h_j}+\left(y_j-\frac{M_jh_j^2}{6}\right)\frac{x_{j+1}-x}{h_j}$$

$$+\left(y_{j+1}-\frac{M_{j+1}h_j^2}{6}\right)\frac{x-x_j}{h_j},\quad j=0,1,2,$$

将 M_j，x_j，y_j 代入并整理，得

$$S(x)=\begin{cases}1.8783x^3-2.4227x^2+1.8591x+0.1573, & x\in[0.25,0.30],\\ 0.8019x^3-1.4538x^2+1.5685x+0.1863, & x\in[0.30,0.39],\\ 0.6225x^3-1.2440x^2+1.4866x+0.1970, & x\in[0.39,0.45],\\ 0.3194x^3-0.8348x^2+1.3025x+0.2246, & x\in[0.45,0.53].\end{cases}$$

(2) 若边界条件为，$S''(0.25)=S''(0.53)=0$，则 $M_0=M_4=0$，三弯矩方程为

$$\begin{bmatrix}2 & \frac{9}{14} & 0\\ \frac{3}{5} & 2 & \frac{2}{5}\\ 0 & \frac{3}{7} & 2\end{bmatrix}\begin{bmatrix}M_1\\M_2\\M_3\end{bmatrix}=6\times\begin{bmatrix}-0.7193\\-0.5440\\-0.4050\end{bmatrix},$$

解得

$$M_1=-1.8809,\quad M_2=-0.8616,\quad M_3=-1.0314.$$

代入三次样条表达式并整理，得

$$S(x)=\begin{cases}-6.2697x^3+4.7023x^2-0.2059x+0.3555, & x\in[0.25,0.30],\\ 1.8876x^3-2.6393x^2+1.9966x+0.1353, & x\in[0.30,0.39],\\ -0.4689x^3+0.1178x^2+0.9213x+0.2751, & x\in[0.39,0.45],\\ 2.1467x^3-3.4132x^2+2.5103x+0.0367, & x\in[0.45,0.53].\end{cases}$$

21. 若 $f(x)\in C^2[a,b]$，$S(x)$是三次样条函数，证明：

(1) $$\int_a^b[f''(x)]^2\mathrm{d}x-\int_a^b[S''(x)]^2\mathrm{d}x$$
$$=\int_a^b[f''(x)-S''(x)]^2\mathrm{d}x+2\int_a^b S''(x)[f''(x)-S''(x)]\mathrm{d}x;$$

(2) 若 $f(x_i)=S(x_i)(i=0,1,\cdots,n)$，式中 x_i 为插值节点，且 $a=x_0<x_1<\cdots<x_n=b$，则
$$\int_a^b S''(x)[f''(x)-S''(x)]\mathrm{d}x=S''(b)[f'(b)-S'(b)]-S''(a)[f'(a)-S'(a)].$$

证明 (1) 右边 $=\int_a^b[f''(x)-S''(x)]^2\mathrm{d}x+2\int_a^b S''(x)[f''(x)-S''(x)]\mathrm{d}x$
$$=\int_a^b[f''^2(x)-2f''(x)S''(x)+S''^2(x)+2S''(x)f''(x)-2S''^2(x)]\mathrm{d}x$$
$$=\int_a^b[f''^2(x)-S''^2(x)]\mathrm{d}x$$
$$=\int_a^b[f''(x)]^2\mathrm{d}x-\int_a^b[S''(x)]^2\mathrm{d}x$$
= 左边.

(2) 左边 $=\int_a^b S''(x)[f''(x)-S''(x)]\mathrm{d}x$
$$=S''(x)(f'(x)-S'(x))\Big|_a^b-\int_a^b(f'(x)-S'(x))S'''(x)\mathrm{d}x$$
$$=S''(b)(f'(b)-S'(b))-S''(a)(f'(a)-S'(a))$$
= 右边.

此处利用了 $S(x)$是三次多项式，故 $S'''(x)$是常数，于是
$$\int_a^b(f'(x)-S'(x))S'''(x)\mathrm{d}x=S'''(x)(f(x)-S(x))\Big|_a^b=0.$$

第 3 章　函数逼近与快速傅里叶变换

复习与思考题解答

1. 设 $f\in C[a,b]$，写出三种常用范数 $\|f\|_1$，$\|f\|_2$ 及 $\|f\|_\infty$.

答　若 $f(x)\in C[a,b]$，则

$$\|f\|_1=\int_a^b|f(x)|\mathrm{d}x,$$

$$\|f\|_2=\left(\int_a^b|f^2(x)|\mathrm{d}x\right)^{\frac{1}{2}},$$

$$\|f\|_\infty=\max_{a\leqslant x\leqslant b}|f(x)|.$$

2. $f,g\in C[a,b]$，它们的内积是什么？如何判断函数族 $\{\varphi_0,\varphi_1,\cdots,\varphi_n\}\in C[a,b]$ 在 $[a,b]$ 上线性无关？

答　若 $f(x),g(x)\in C[a,b]$，$\rho(x)$ 是 $[a,b]$ 上给定的权函数，定义 f 与 g 的内积为

$$(f(x),g(x))=\int_a^b\rho(x)f(x)g(x)\mathrm{d}x,$$

特别常用的是 $\rho(x)\equiv1$ 的情形，即

$$(f(x),g(x))=\int_a^bf(x)g(x)\mathrm{d}x.$$

设 $\{\varphi_0,\varphi_1,\cdots,\varphi_n\}\in C[a,b]$，定义其格拉姆矩阵为

$$\boldsymbol{G}=\boldsymbol{G}(\varphi_0,\varphi_1,\cdots,\varphi_n)=\begin{bmatrix}(\varphi_0,\varphi_0) & (\varphi_0,\varphi_1) & \cdots & (\varphi_0,\varphi_n)\\ (\varphi_1,\varphi_0) & (\varphi_1,\varphi_1) & \cdots & (\varphi_1,\varphi_n)\\ \vdots & \vdots & & \vdots\\ (\varphi_n,\varphi_0) & (\varphi_n,\varphi_1) & \cdots & (\varphi_n,\varphi_n)\end{bmatrix},$$

$\varphi_0,\varphi_1,\cdots,\varphi_n$ 在 $[a,b]$ 上线性无关的充要条件是 $\det\boldsymbol{G}(\varphi_0,\varphi_1,\cdots,\varphi_n)\neq0$.

3. 什么是函数 $f\in C[a,b]$ 在区间 $[a,b]$ 上的 n 次最佳一致逼近多项式？

答　设 $f(x)\in C[a,b]$，若 $P^*(x)\in H_n$（次数不超过 n 次多项式构成的集合）使误差

$$\begin{aligned}\|f(x)-P^*(x)\|_\infty&=\min_{P\in H_n}\|f(x)-P(x)\|_\infty\\&=\min_{P\in H_n}\max_{a\leqslant x\leqslant b}|f(x)-P(x)|,\end{aligned}$$

则称 $P^*(x)$ 为 $f(x)$ 在 $[a,b]$ 上的 n 次最佳一致逼近多项式.

4. 什么是 f 在 $[a,b]$ 上的 n 次最佳平方逼近多项式？什么是数据 $\{f_i\}_0^m$ 的最小二乘曲线拟合？

答　设 $f(x)\in C[a,b]$，若 $P^*(x)\in H_n$（次数不超过 n 次多项式构成的集合）使

$$\|f(x)-P^*(x)\|_2^2=\min_{P\in H_n}\|f(x)-P(x)\|_2^2$$
$$=\min_{P\in H_n}\int_a^b[f(x)-P(x)]^2\mathrm{d}x,$$

则称 $P^*(x)$为 $f(x)$在$[a,b]$上的 n 次最佳平方逼近多项式.

若 $f(x)$是$[a,b]$上的一个列表函数,$\varphi_0,\varphi_1,\cdots,\varphi_n$ 是 $C[a,b]$中的线性无关函数族,在 $a\leqslant x_0<x_1<\cdots<x_m\leqslant b$ 上给出 $f(x_i)(i=0,1,\cdots,m)$,要求 $P^*\in\Phi=\mathrm{span}\{\varphi_0,\varphi_1,\cdots,\varphi_n\}$,使

$$\|f-P^*\|_2^2=\min_{P\in\Phi}\|f-P\|_2^2=\min_{P\in\Phi}\sum_{i=0}^m[f(x_i)-P(x_i)]^2,$$

则称 $P^*(x)$为 $f(x)$的最小二乘拟合.

5. 什么是$[a,b]$上带权 $\rho(x)$的正交多项式? 什么是$[-1,1]$上的勒让德多项式? 它有什么重要性质?

答 设 $\varphi_n(x)$是$[a,b]$上首项系数 $a_n\neq 0$ 的 n 次多项式,$\rho(x)$为$[a,b]$上的权函数,如果多项式序列$\{\varphi_n(x)\}_0^\infty$ 满足

$$(\varphi_j,\varphi_k)=\int_a^b\rho(x)\varphi_j(x)\varphi_k(x)\mathrm{d}x=\begin{cases}0, & j\neq k,\\ A_k>0, & j=k,\end{cases}$$

则称多项式序列$\{\varphi_k(x)\}_0^\infty$ 在$[a,b]$上带权 $\rho(x)$正交,称 $\varphi_n(x)$为$[a,b]$上带权 $\rho(x)$的 n 次正交多项式.

当区间$[a,b]$为$[-1,1]$,权函数 $\rho(x)=1$ 时,由$\{1,x,\cdots,x^n,\cdots\}$正交化得到的多项式称为勒让德多项式,通常用 $\mathrm{P}_0(x),\mathrm{P}_1(x),\cdots,\mathrm{P}_n(x),\cdots$表示,其性质如下:

(1) 正交性

$$\int_{-1}^1\mathrm{P}_n(x)\mathrm{P}_m(x)\mathrm{d}x=\begin{cases}0, & m\neq n;\\ \dfrac{2}{2n+1}, & m=n.\end{cases}$$

(2) 奇偶性

$$\mathrm{P}_n(-x)=(-1)^n\mathrm{P}_n(x).$$

(3) 递推关系

$$(n+1)\mathrm{P}_{n+1}(x)=(2n+1)x\mathrm{P}_n(x)-n\mathrm{P}_{n-1}(x),\quad n=1,2,\cdots.$$

(4) $\mathrm{P}_n(x)$在区间$[-1,1]$内有 n 个不同的实零点.

6. 什么是切比雪夫多项式? 它有什么重要性质?

答 当权函数 $\rho(x)=\dfrac{1}{\sqrt{1-x^2}}$,区间为$[-1,1]$时,由序列$\{1,x,\cdots,x^n,\cdots\}$正交化得到的正交多项式称为切比雪夫多项式,可表示为

$$\mathrm{T}_n(x)=\cos(n\arccos x),\quad |x|\leqslant 1,$$

其重要性质如下:

(1) 递推关系

$$\begin{cases}T_0(x)=1, \quad T_1(x)=x,\\ \mathrm{T}_{n+1}(x)=2x\mathrm{T}_n(x)-\mathrm{T}_{n-1}(x), \quad n=1,2,\cdots.\end{cases}$$

(2) 正交性

$$\int_{-1}^{1} \frac{T_n(x)T_m(x)}{\sqrt{1-x^2}}dx = \begin{cases} 0, & n \neq m; \\ \frac{\pi}{2}, & n = m \neq 0; \\ \pi, & n = m = 0. \end{cases}$$

(3) $T_{2k}(x)$只含 x 的偶次幂,$T_{2k+1}(x)$只含 x 的奇次幂.

(4) $T_n(x)$在区间$[-1,1]$上有 n 个零点

$$x_k = \cos\frac{2k-1}{2n}\pi, \quad k = 1,2,\cdots,n.$$

(5) $T_n(x)$的首项系数为 $2^{n-1}(n=1,2,\cdots)$.

(6) 设 $\widetilde{T}_n(x)$是首项系数为 1 的切比雪夫多项式,$\widetilde{H}_n$ 为首项系数为 1 的次数不超过 n 次多项式构成的集合,则

$$\max_{-1\leqslant x\leqslant 1} |\widetilde{T}_n(x)| \leqslant \max_{-1\leqslant x\leqslant 1} |P(x)|, \quad \forall P(x) \in \widetilde{H}_n,$$

且

$$\max_{-1\leqslant x\leqslant 1} |\widetilde{T}_n(x)| = \frac{1}{2^{n-1}}.$$

7. 用切比雪夫多项式零点做插值点得到的插值多项式与拉格朗日插值有何不同?

答　切比雪夫多项式零点(切比雪夫点)是单位圆周上等距分布点的横坐标,这些点的横坐标在接近区间$[-1,1]$的端点处是密集的,利用切比雪夫点做插值,可使插值区间最大误差最小化,同时还可以避免高次拉格朗日插值所出现的龙格现象,在一定条件下可以保证插值多项式在整个区间上收敛于被插值函数.

8. 什么是最小二乘拟合的法方程? 用多项式做拟合曲线时,当次数 n 较大时为什么不直接求解法方程?

答　在最小二乘拟合中,利用求多元函数极值的必要条件并记

$$(\varphi_j,\varphi_k) = \sum_{i=0}^{m} \omega(x_i)\varphi_j(x_i)\varphi_k(x_i),$$

$$(f,\varphi_k) = \sum_{i=0}^{m} \omega(x_i)f(x_i)\varphi_k(x_i) \equiv d_k, \quad k = 0,1,\cdots,n,$$

则称关于 $a_j(j=0,1,\cdots,n)$的线性方程组

$$\sum_{j=0}^{n} (\varphi_k,\varphi_j)a_j = d_k, \quad k = 0,1,\cdots,n$$

为法方程,也可以写成矩阵形式

$$\boldsymbol{Ga} = \boldsymbol{d},$$

其中 $\boldsymbol{a}=(a_0,a_1,\cdots,a_n)^{\mathrm{T}}$,$\boldsymbol{d}=(d_0,d_1,\cdots,d_n)^{\mathrm{T}}$,

$$G=\begin{bmatrix}(\varphi_0,\varphi_0) & (\varphi_0,\varphi_1) & \cdots & (\varphi_0,\varphi_n)\\(\varphi_1,\varphi_0) & (\varphi_1,\varphi_1) & \cdots & (\varphi_1,\varphi_n)\\\vdots & \vdots & & \vdots\\(\varphi_n,\varphi_0) & (\varphi_n,\varphi_1) & \cdots & (\varphi_n,\varphi_n)\end{bmatrix}.$$

当拟合多项式的次数 n 较大时，法方程的系数矩阵 $\boldsymbol{G}$ 一般是病态的，数值求解法方程不稳定，因此不直接求解法方程.

9. 计算有理分式 $R_{mn}(x)$ 为什么要化为连分式？

答 计算有理分式 $R_{mn}(x)$ 的值时，通常将其化为连分式，这样便于在计算机上进行计算，节省乘除法的计算次数. 例如对一般的有理函数 $R_{mn}(x)=\dfrac{P_n(x)}{Q_m(x)}$，若转化成连分式

$$R_{mn}(x)=P_1(x)+\frac{c_2}{x+d_1}+\cdots+\frac{c_l}{x+d_l},$$

则乘除法运算只需 $\max\{m,n\}$ 次，而直接计算则需 $m+n$ 次乘除法计算.

10. 哪种类型函数用三角插值比用多项式插值或分段多项式插值更合适？

答 当模型数据具有周期性时，用三角函数特别是正弦函数和余弦函数作为基函数作三角插值比用多项式插值或分段多项式插值更合适. 这时三角插值可以保持原有的周期性.

11. 对序列作 DFT 时，给定数据要有哪些性质？对 DFT 用 FFT 计算时数据长度有何要求？

答 若对序列作 DFT，则要求给定数据是以 2π 为周期的复函数. 对 DFT 用 FFT 计算时要求数据长度 $N=2^p$.

12. 判断下列命题是否正确？

(1) 任何 $f\in C[a,b]$ 都能找到 n 次多项式 $P_n(x)\in H_n$，使 $|f(x)-P_n(x)|\leqslant\varepsilon$（$\varepsilon$ 为任给的误差限）.

(2) $P_n^*(x)\in H_n$ 是连续函数 $f(x)$ 在 $[a,b]$ 上的最佳一致逼近多项式，则 $\lim\limits_{n\to\infty}P_n^*(x)=f(x)$ 对 $\forall x\in[a,b]$ 成立.

(3) $f\in C[a,b]$ 在 $[a,b]$ 上的最佳平方逼近多项式 $P_n(x)\in H_n$，则 $\lim\limits_{n\to\infty}P_n(x)=f(x)$.

(4) $\widetilde{P}_n(x)\in H_n$ 是首项系数为 1 的勒让德多项式，$Q_n(x)\in H_n$ 是任一首项系数为 1 的多项式，则 $\int_{-1}^{1}[\widetilde{P}_n(x)]^2\mathrm{d}x\leqslant\int_{-1}^{1}Q_n^2(x)\mathrm{d}x$.

(5) $\widetilde{T}_n(x)$ 是 $[-1,1]$ 上首项系数为 1 的切比雪夫多项式，$Q_n(x)\in H_n$ 是任一首项系数为 1 的多项式，则

$$\max_{-1\leqslant x\leqslant 1}|\widetilde{T}_n(x)|\leqslant\max_{-1\leqslant x\leqslant 1}|Q_n(x)|.$$

(6) 函数的有理逼近（如帕德逼近）总比多项式逼近好.

(7) 当数据量很大时用最小二乘拟合比用插值好.

(8) 三角最小平方逼近与三角插值都要计算 N 点 DFT，所以它们没任何区别.

(9) 只有点数 $N=2^p$ 的 DFT 才能用 FFT 算法，所以 FFT 算法意义不大.

(10) FFT 算法计算 DFT 和它的逆变换效率相同.

答　(1) 对. 这个结论就是魏尔斯特拉斯定理.

(2) 对. 因为 $P_n^*(x)$ 满足 $\|f(x)-P^*(x)\|_\infty=\min\limits_{P\in H_n}\|f(x)-P(x)\|_\infty=\min\limits_{P\in H_n}\max\limits_{a\leqslant x\leqslant b}|f(x)-P(x)|$. 而当 $n\to\infty$ 时，由魏尔斯特拉斯定理知存在多项式 $P_n(x)\in H_n$，使得 $|f(x)-P_n(x)|<\varepsilon$. 从而得 $\|f(x)-P^*(x)\|_\infty\leqslant\varepsilon$.

(3) 对. 因为对于任意的 $\varepsilon>0$，由魏尔斯特拉斯定理知存在，多项式 $\widetilde{P}_n(x)\in H_n$，使得 $|f(x)-\widetilde{P}_n(x)|<\varepsilon$. 而 $P_n(x)\in H_n$ 为最佳平方逼近多项式，故

$$\|f(x)-P_n(x)\|=\min_{\overline{P}\in H_n}\|f(x)-\overline{P}(x)\|_2^2=\min_{\overline{P}\in H_n}\int_a^b[f(x)-\overline{P}(x)]^2\mathrm{d}x$$

$$\leqslant\int_a^b[f(x)-\widetilde{P}_n(x)]^2\mathrm{d}x\leqslant(b-a)\varepsilon^2.$$

(4) 对. 因为 $Q_n(x)=\widetilde{P}_n(x)+P_{n-1}(x)$，其中 $P_{n-1}(x)\in H_{n-1}$. 由勒让德多项式的正交性得 $\int_{-1}^1\widetilde{P}_n(x)P_{n-1}(x)\mathrm{d}x=0$. 于是

$$\begin{aligned}\int_{-1}^1 Q_n^2(x)\mathrm{d}x&=\int_{-1}^1[\widetilde{P}_n(x)+P_{n-1}(x)]^2\mathrm{d}x\\&=\int_{-1}^1[\widetilde{P}_n(x)]^2\mathrm{d}x+2\int_{-1}^1\widetilde{P}_n(x)P_{n-1}(x)\mathrm{d}x+\int_{-1}^1 P_{n-1}^2(x)\mathrm{d}x\\&=\int_{-1}^1[\widetilde{P}_n(x)]^2\mathrm{d}x+\int_{-1}^1 P_{n-1}^2(x)\mathrm{d}x\geqslant\int_{-1}^1[\widetilde{P}_n(x)]^2\mathrm{d}x.\end{aligned}$$

(5) 对. 这是首项系数为 1 的切比雪夫多项式的一个性质，而且 $\max\limits_{-1\leqslant x\leqslant 1}|\widetilde{T}_n(x)|=\dfrac{1}{2^{n-1}}$.

(6) 错. 多项式是一种计算简便的函数类，通常用多项式逼近比较多，但当函数在某点附近无界时用多项式逼近效果很差，而用有理函数逼近可得到较好的效果.

(7) 错. 当一个函数由给定的一组可能不精确表示函数的数据来确定时，使用最小二乘的曲线拟合是最合适的.

(8) 错. 逼近和插值是两个不同的概念，只有当 $m=n$ 时，三角最小平方逼近和三角插值才是相同的.

(9) 错. 因为 $N=2^p$ 不是本质条件.

(10) 对. 因二者所处理问题的形式一致.

习题解答

1. $f(x)=\sin\dfrac{\pi}{2}x$，给出 $[0,1]$ 上的伯恩斯坦多项式 $B_1(f,x)$ 及 $B_3(f,x)$.

解　利用

$$B_n(f,x) = \sum_{k=0}^{n} f\left(\frac{k}{n}\right)P_k(x), P_k(x) = \binom{n}{k}x^k (1-x)^{n-k},$$

有

$$B_1(f,x) = \sum_{k=0}^{1} f(k)P_k(x),$$

$$P_0(x) = \binom{1}{0}x^0 (1-x)^1 = 1-x, \quad P_1(x) = \binom{1}{1}x^1(1-x)^0 = x,$$

故

$$B_1(f,x) = f(0)P_0(x) + f(1)P_1(x) = x.$$

而

$$B_3(f,x) = \sum_{k=0}^{3} f\left(\frac{k}{3}\right)P_k(x), \quad P_0(x) = \binom{3}{0}x^0(1-x)^3 = (1-x)^3,$$

$$P_1(x) = \binom{3}{1}x(1-x)^2 = 3x(1-x)^2,$$

$$P_2(x) = \binom{3}{2}x^2(1-x) = 3x^2(1-x),$$

$$P_3(x) = \binom{3}{3}x^3 (1-x)^0 = x^3,$$

故

$$\begin{aligned} B_3(f,x) &= 0 + 3x(1-x)^2\sin\left(\frac{\pi}{6}\right) + 3x^2(1-x)\sin\left(\frac{\pi}{3}\right) + x^3\sin\left(\frac{\pi}{2}\right) \\ &= \frac{3}{2}x(1-x)^2 + \frac{3\sqrt{3}}{2}x^2(1-x) + x^3 \\ &= \frac{3}{2}x(1-2x+x^2) + \frac{3\sqrt{3}}{2}x^2 - \frac{3\sqrt{3}}{2}x^3 + x^3 \\ &= \left(1 - \frac{3\sqrt{3}}{2} + \frac{3}{2}\right)x^3 + \left(\frac{3\sqrt{3}}{2} - 3\right)x^2 + \frac{3}{2}x \\ &= -0.098x^3 - 0.402x^2 + 1.5x. \end{aligned}$$

2. 当 $f(x)=x$ 时,求证 $B_n(f,x)=x$.

证明 当 $f(x)=x$ 时,其伯恩斯坦多项式为

$$\begin{aligned} B_n(f,x) &= \sum_{k=0}^{n} \frac{k}{n}\binom{n}{k}x^k(1-x)^{n-k} = \sum_{k=1}^{n} \frac{k}{n}\binom{n}{k}x^k(1-x)^{n-k} \\ &= \sum_{k=1}^{n}\binom{n-1}{k-1}x^k(1-x)^{n-k} = \sum_{k=0}^{n-1}\binom{n-1}{k}x^{k+1}(1-x)^{n-k-1} \\ &= \sum_{k=0}^{n-1}\binom{n-1}{k}x^k(1-x)^{(n-1)-k} \cdot x = [x+(1-x)]^{n-1} \cdot x \\ &= x. \end{aligned}$$

3. 证明函数 $1,x,\cdots,x^n$ 线性无关.

证明　用数学归纳法证明.

当 $n=0$ 时,由 $a_0\times 1=0$,得 $a_0=0$,显然线性无关.

假设当 $n=k$ 时,结论成立,即 $1,x,\cdots,x^k$ 线性无关.下面证明 $1,x,\cdots,x^k,x^{k+1}$ 线性无关.设

$$a_0+a_1x+\cdots+a_kx^k+a_{k+1}x^{k+1}=0,\quad \forall x\in\mathbb{R}.$$

由 x 的任意性,取 $x=0$ 得 $a_0=0$,从而得

$$a_1x+\cdots+a_kx^k+a_{k+1}x^{k+1}=x(a_1+a_2x+\cdots+a_{k+1}x^k)=0$$

再由 x 的任意性得

$$a_1+a_2x+\cdots+a_{k+1}x^k=0.$$

而由归纳假设,$1,x,\cdots,x^k$ 线性无关,故 $a_1=a_2=\cdots=a_{k+1}=0$.

综上得 $1,x,\cdots,x^k,x^{k+1}$ 线性无关.

4. 计算下列函数 $f(x)$ 关于 $C[0,1]$ 的 $\|f\|_\infty$,$\|f\|_1$ 与 $\|f\|_2$:

(1) $f(x)=(x-1)^3$;

(2) $f(x)=\left|x-\dfrac{1}{2}\right|$;

(3) $f(x)=x^m(1-x)^n$,m 与 n 为正整数.

解　(1) $f(x)=(x-1)^3$,

$$\|f\|_\infty=\max_{0\leqslant x\leqslant 1}|f(x)|=1,$$

$$\|f\|_1=\int_0^1|f(x)|\,\mathrm{d}x=\int_0^1(1-x)^3\,\mathrm{d}x=\frac{1}{4},$$

$$\|f\|_2=\left(\int_0^1 f^2(x)\,\mathrm{d}x\right)^{1/2}=\left(\int_0^1(x-1)^6\,\mathrm{d}x\right)^{1/2}=\frac{1}{\sqrt{7}}.$$

(2) $f(x)=\left|x-\dfrac{1}{2}\right|$,

$$\|f\|_\infty=\max_{0\leqslant x\leqslant 1}\left|x-\frac{1}{2}\right|=\frac{1}{2},$$

$$\|f\|_1=\int_0^1|f(x)|\,\mathrm{d}x=\int_0^{1/2}\left(\frac{1}{2}-x\right)\mathrm{d}x+\int_{1/2}^0\left(x-\frac{1}{2}\right)\mathrm{d}x=\frac{1}{8}+\frac{1}{8}=\frac{1}{4},$$

$$\|f\|_2=\left(\int_0^1 f^2(x)\,\mathrm{d}x\right)^{1/2}=\left(\int_0^1\left(x-\frac{1}{2}\right)^2\mathrm{d}x\right)^{1/2}=\frac{1}{\sqrt{12}}.$$

(3) 由 $f(x)=x^m(1-x)^n$,知当 $x\in[0,1]$ 时,$f(x)\geqslant 0$,

$$\begin{aligned}f'(x)&=mx^{m-1}(1-x)^n+x^mn(1-x)^{n-1}(-1)\\&=x^{m-1}(1-x)^{n-1}m\left(1-\frac{n+m}{m}x\right).\end{aligned}$$

故当 $x\in\left(0,\dfrac{m}{n+m}\right)$ 时,$f'(x)>0$,$f(x)$ 在 $\left(0,\dfrac{m}{n+m}\right)$ 内单调递增;当 $x\in\left(\dfrac{m}{n+m},1\right)$ 时,$f'(x)<$

0，$f(x)$在$\left(\frac{m}{n+m},1\right)$内单调递减. 因此

$$\|f\|_\infty=\max_{0\leqslant x\leqslant 1}|f(x)|=\max\left\{|f(0)|,\left|f\left(\frac{m}{n+m}\right)\right|,|f(1)|\right\}=\frac{m^m n^n}{(n+m)^{m+n}},$$

$$\|f\|_1=\int_0^1|f(x)|\mathrm{d}x=\int_0^{\frac{\pi}{2}}(\sin^2 t)^m(1-\sin^2 t)^n\mathrm{d}(\sin^2 t)$$

$$=\int_0^{\frac{\pi}{2}}\sin^{2m}t\cdot\cos^{2n}t\cdot\cos t\cdot 2\cdot\sin t\mathrm{d}t=\frac{n!m!}{(n+m+1)!},$$

$$\|f\|_2=\left(\int_0^1 x^{2m}(1-x)^{2n}\mathrm{d}x\right)^{1/2}=\left[\int_0^{\frac{\pi}{2}}\sin^{4m}t\cdot\cos^{4n}t\mathrm{d}(\sin^2 t)\right]^{\frac{1}{2}}$$

$$=\left[\int_0^{\frac{\pi}{2}}2\sin^{4m+1}t\cdot\cos^{4n+1}t\mathrm{d}t\right]^{\frac{1}{2}}=\sqrt{\frac{(2n)!(2m)!}{[2(n+m)+1]!}}.$$

5. 证明$\|f-g\|\geqslant\|f\|-\|g\|$.

证明 由三角不等式，有

$$\|f+g\|\leqslant\|f\|+\|g\|,$$

因而

$$\|f\|=\|f-g+g\|\leqslant\|f-g\|+\|g\|,$$

即

$$\|f-g\|\geqslant\|f\|-\|g\|.$$

6. 对$f(x),g(x)\in C^1[a,b]$，定义

(1) $(f,g)=\int_a^b f'(x)g'(x)\mathrm{d}x$;

(2) $(f,g)=\int_a^b f'(x)g'(x)\mathrm{d}x+f(a)g(a)$;

问它们是否构成内积.

解 (1) 因为$(f,g)=\int_a^b f'(x)g'(x)\mathrm{d}x$，所以有

$$(f,g)=(g,f),$$
$$(cf,g)=c(f,g),\quad c\text{ 为常数},$$
$$(f_1+f_2,g)=(f_1,g)+(f_2,g).$$

但当$(f,f)=\int_a^b(f'(x))^2\mathrm{d}x=0$时，有$f'(x)=0$，即$f(x)$为常数，但不一定为零，所以$(f,g)=\int_a^b f'(x)g'(x)\mathrm{d}x$不能构成内积.

(2) 因为$(f,g)=\int_a^b f'(x)g'(x)\mathrm{d}x+f(a)g(a)$，所以有

$$(f,g)=(g,f),$$
$$(cf,g)=c(f,g),\quad c\text{ 为常数},$$
$$(f_1+f_2,g)=(f_1,g)+(f_2,g),$$

而

$$(f,f)=\int_a^b (f'(x))^2\mathrm{d}x+f^2(a).$$

若 $f=0$,则必有 $(f,f)=0$;反之,若 $(f,f)=0$,则必有 $f'(x)=0$ 且 $f^2(a)=0$,由此可知 $f(x)=0$,故 $(f,g)=\int_a^b f'(x)g'(x)\mathrm{d}x+f(a)g(a)$ 构成内积.

7. 令 $T_n^*(x)=T_n(2x-1)$, $x\in[0,1]$,试证 $\{T_n^*(x)\}$ 是在 $[0,1]$ 上带权 $\rho=\dfrac{1}{\sqrt{x-x^2}}$ 的正交多项式,并求 $T_0^*(x)$, $T_1^*(x)$, $T_2^*(x)$, $T_3^*(x)$.

证明　由于

$$\int_0^1 T_n^*(x)T_m^*(t)\frac{1}{\sqrt{x-x^2}}\mathrm{d}x=\int_0^1 T_n(2x-1)T_m(2x-1)\frac{1}{\sqrt{x-x^2}}\mathrm{d}x$$

$$\xlongequal{t=2x-1}\int_{-1}^1 T_n(t)T_m(t)\frac{1}{\sqrt{1-t^2}}\mathrm{d}t$$

$$=\begin{cases}0, & m\neq n,\\ \pi, & m=n=0,\\ \dfrac{\pi}{2}, & m=n\neq 0.\end{cases}$$

所以 $T_n^*(x)$ 是 $[0,1]$ 上带权 $\rho(x)=\dfrac{1}{\sqrt{x-x^2}}$ 的正交多项式.

当 $x\in[0,1]$ 时, $2x-1\in[-1,1]$,所以

$$T_0^*(x)=T_0(2x-1)=1,$$

$$T_1^*(x)=T_1(2x-1)=2x-1,$$

$$T_2^*(x)=T_2(2x-1)=2(2x-1)^2-1=8x^2-8x+1,$$

$$T_3^*(x)=T_3(2x-1)=4(2x-1)^3-3(2x-1)=32x^3-48x^2+18x-1.$$

8. 对权函数 $\rho(x)=1+x^2$,区间 $[-1,1]$,试求首项系数为 1 的正交多项式 $\varphi_n(x)$, $n=0,1,2,3$.

解　利用递推关系

$$\varphi_0(x)=1,\quad \varphi_1(x)=(x-\alpha_0)\varphi_0(x),$$

$$\varphi_{n+1}(x)=(x-\alpha_n)\varphi_n(x)-\beta_n\varphi_{n-1}(x),\quad n=0,1,\cdots$$

其中

$$\varphi_0(x)=1,\quad \varphi_{-1}(x)=0,$$

$$\alpha_n=(x\varphi_n(x),\varphi_n(x))/(\varphi_n(x),\varphi_n(x)),$$

$$\beta_n=(\varphi_n(x),\varphi_n(x))/(\varphi_{n-1}(x),\varphi_{n-1}(x)),\quad n=1,2,\cdots$$

可得

$$\alpha_0=\frac{(x\varphi_0,\varphi_0)}{(\varphi_0,\varphi_0)}=\frac{\int_{-1}^1(1+x^2)x\mathrm{d}x}{\int_{-1}^1(1+x^2)\mathrm{d}x}=0,$$

故 $\varphi_1(x)=x$.

又

$$\varphi_2(x)=(x-\alpha_1)\varphi_1(x)-\beta_1\varphi_0(x),$$

$$\alpha_1=\frac{(x\varphi_1,\varphi_1)}{(\varphi_1,\varphi_1)}=\frac{\int_{-1}^{1}(1+x^2)x^3\mathrm{d}x}{\int_{-1}^{1}(1+x^2)x^2\mathrm{d}x}=0,$$

$$\beta_1=\frac{(\varphi_1,\varphi_1)}{(\varphi_0,\varphi_0)}=\frac{\int_{-1}^{1}x^2(1+x^2)\mathrm{d}x}{\int_{-1}^{1}(1+x^2)\mathrm{d}x}=\frac{2}{5},$$

故 $\varphi_2(x)=x^2-\frac{2}{5}$.

又

$$\varphi_3(x)=(x-\alpha_2)\varphi_2(x)-\beta_2\varphi_1(x),$$

$$\alpha_2=\frac{(x\varphi_2,\varphi_2)}{(\varphi_2,\varphi_2)}=\frac{\int_{-1}^{1}x(1+x^2)\left(x^2-\frac{2}{5}\right)^2\mathrm{d}x}{\int_{-1}^{1}(1+x^2)\left(x^2-\frac{2}{5}\right)^2\mathrm{d}x}=0,$$

$$\beta_2=\frac{(\varphi_2,\varphi_2)}{(\varphi_1,\varphi_1)}=\frac{\int_{-1}^{1}(1+x^2)\left(x^2-\frac{2}{5}\right)^2\mathrm{d}x}{\int_{-1}^{1}(1+x^2)x^2\mathrm{d}x}=\frac{17}{70},$$

故 $\varphi_3(x)=x\left(x^2-\frac{2}{5}\right)-\frac{17}{70}x=x^3-\frac{9}{14}x$.

9. 试证明由 $U_n(x)=\frac{\sin[(n+1)\arccos x]}{\sqrt{1-x^2}}$ 给出的第二类切比雪夫多项式族 $\{U_n(x)\}$ 是 $[-1,1]$ 上带权 $\rho=\sqrt{1-x^2}$ 的正交多项式.

证明 因

$$U_n=\frac{\sin[(n+1)\arccos x]}{\sqrt{1-x^2}},$$

令 $x=\cos\theta$,则当 $m=n$ 时,有

$$\int_{-1}^{1}U_n^2(x)\sqrt{1-x^2}\mathrm{d}x=\int_0^{\pi}\sin^2[(n+1)\theta]\mathrm{d}\theta=\frac{\pi}{2},$$

当 $m\neq n$ 时,有

$$\begin{aligned}\int_{-1}^{1}U_n(x)U_m(x)\sqrt{1-x^2}\mathrm{d}x&=\int_0^{\pi}\sin(n+1)\theta\cdot\sin(m+1)\theta\mathrm{d}\theta\\&=\int_0^{\pi}\frac{1}{2}[\cos(n+m+2)\theta-\cos(n-m)\theta]\mathrm{d}\theta=0.\end{aligned}$$

从而证得 $U_n(x)$ 是 $[-1,1]$ 上带权 $\rho=\sqrt{1-x^2}$ 的正交多项式.

10. 证明对每一个切比雪夫多项式 $T_n(x)$，有

$$\int_{-1}^{1}\frac{[T_n(x)]^2}{\sqrt{1-x^2}}\mathrm{d}x=\frac{\pi}{2}.$$

证明 因

$$T_n(x)=\cos(n\arccos x),\quad |x|\leqslant 1,$$

令 $\cos\theta=x$，则 $T_n(x)=\cos n\theta$，故

$$\int_{-1}^{1}\frac{[T_n(x)]^2}{\sqrt{1-x^2}}\mathrm{d}x=\int_0^{\pi}\cos^2 n\theta\mathrm{d}\theta=\int_0^{\pi}\frac{1+\cos 2n\theta}{2}\mathrm{d}\theta=\frac{\pi}{2}.$$

11. 用 $T_3(x)$的零点做插值点，求 $f(x)=\mathrm{e}^x$ 在区间$[-1,1]$上的二次插值多项式，并估计其最大误差界.

解 由 $T_3(x)=4x^3-3x$，知其零点 $x_0=0.866\,025$，$x_1=0$，$x_2=-0.866\,025$，从而得插值条件为

$$x_0=0.866\,025,\quad f(x_0)=2.377\,443,\quad x_1=0,$$
$$f(x_1)=1,\quad x_2=-0.866\,025,\quad f(x_2)=0.420\,620.$$

利用牛顿插值公式，有

$$p_2(x)=f(x_0)+f[x_0,x_1](x-x_0)+f[x_0,x_1,x_2](x-x_0)(x-x_1),$$

而

$$f[x_0,x_1]=\frac{f(x_1)-f(x_0)}{x_1-x_0}=1.590\,534,$$

$$f[x_1,x_2]=\frac{f(x_2)-f(x_1)}{x_2-x_1}=\frac{-0.579\,38}{-0.866\,025}=0.669\,011,$$

$$f[x_0,x_1,x_2]=\frac{f[x_1,x_2]-f[x_0,x_1]}{x_2-x_0}=\frac{-0.921\,523}{-1.732\,050}=0.532\,042,$$

故

$$p_2(x)=2.377\,443+1.590\,534(x-0.866\,025)+0.532\,042(x-0.866\,025)x.$$

又

$$\max_{-1\leqslant x\leqslant 1}[\mathrm{e}^x-p_2(x)]\leqslant\frac{M_3}{3!}\cdot\frac{1}{2^2},$$

而

$$M_3=\max_{-1\leqslant x\leqslant 1}[f^{(3)}(x)]=\max_{-1\leqslant x\leqslant 1}[\mathrm{e}^x]\leqslant\mathrm{e}^1<2.72,$$

故

$$\max_{-1\leqslant x\leqslant 1}[\mathrm{e}^x-p_2(x)]\leqslant\frac{2.72}{3!\cdot 2^2}<1.1\times 10^{-1}.$$

12. 设 $f(x)=x^2+3x+2$，$x\in[0,1]$，试求 $f(x)$在$[0,1]$上关于 $\rho(x)=1$，$\Phi=\mathrm{span}\{1,x\}$的最佳平方逼近多项式. 若取 $\Phi=\mathrm{span}\{1,x,x^2\}$，那么最佳平方逼近多项式是什么？

解 若 $\Phi=\mathrm{span}\{1,x\}$，则 $\varphi_0(x)=1$，$\varphi_1(x)=x$，这样

$$(\varphi_0,\varphi_0)=\int_0^1 1\mathrm{d}x=1,\quad (\varphi_1,\varphi_1)=\int_0^1 x^2\mathrm{d}x=\frac{1}{3},$$

$$(\varphi_0,\varphi_1)=(\varphi_1,\varphi_0)=\int_0^1 x\mathrm{d}x=\frac{1}{2},$$

$$(f,\varphi_0)=\int_0^1(x^2+3x+2)\mathrm{d}x=\frac{23}{6},$$

$$(f,\varphi_1)=\int_0^1 x(x^2+3x+2)\mathrm{d}x=\frac{9}{4},$$

所以法方程为

$$\begin{bmatrix}1 & \frac{1}{2}\\ \frac{1}{2} & \frac{1}{3}\end{bmatrix}\begin{bmatrix}a_0\\ a_1\end{bmatrix}=\begin{bmatrix}\frac{23}{6}\\ \frac{9}{4}\end{bmatrix},$$

解出 $a_0=\frac{11}{6}$,$a_1=4$,所以 $s_1(x)=\frac{11}{6}+4x$.

若取 $\Phi=\mathrm{span}\{1,x,x^2\}$,继续计算

$$(\varphi_2,\varphi_2)=\int_0^1 x^4\mathrm{d}x=\frac{1}{5},$$

$$(\varphi_1,\varphi_2)=(\varphi_2,\varphi_1)=\int_0^1 x^3\mathrm{d}x=\frac{1}{4},$$

$$(\varphi_0,\varphi_2)=(\varphi_2,\varphi_0)=\int_0^1 x^2\mathrm{d}x=\frac{1}{3},$$

$$(f,\varphi_2)=\int_0^1 x^2(x^2+3x+2)\mathrm{d}x=\frac{97}{60},$$

得法方程为

$$\begin{bmatrix}1 & \frac{1}{2} & \frac{1}{3}\\ \frac{1}{2} & \frac{1}{3} & \frac{1}{4}\\ \frac{1}{3} & \frac{1}{4} & \frac{1}{5}\end{bmatrix}\begin{bmatrix}a_0\\ a_1\\ a_2\end{bmatrix}=\begin{bmatrix}\frac{23}{6}\\ \frac{9}{4}\\ \frac{97}{60}\end{bmatrix},$$

解得 $a_0=2$,$a_1=3$,$a_2=1$,所以 $s_2(x)=2+3x+x^2$.

13. 求 $f(x)=x^3$ 在$[-1,1]$上关于 $\rho(x)=1$ 的最佳平方逼近二次多项式.

解 先计算$(f(x),\mathrm{P}_k(x))(k=0,1,2)$,其中 $\mathrm{P}_k(x)$为勒让德多项式.

$$(f(x),\mathrm{P}_0(x))=\int_{-1}^1 x^3\mathrm{d}x=0,$$

$$(f(x),\mathrm{P}_1(x))=\int_{-1}^1 x^3\cdot x\mathrm{d}x=\frac{2}{5},$$

$$(f(x),\mathrm{P}_2(x))=\int_{-1}^1 x^3\left(\frac{3}{2}x^2-\frac{1}{2}\right)\mathrm{d}x=0,$$

所以，由 $a_k^* = \frac{2k+1}{2}\int_{-1}^{1} f(x)\mathrm{P}_k(x)\mathrm{d}x$ 得

$$a_0^* = (f(x),\mathrm{P}_0(x))/2 = 0,$$

$$a_0^* = 3(f(x),\mathrm{P}_1(x))/2 = \frac{3}{5},$$

$$a_2^* = 7(f(x),\mathrm{P}_2(x))/2 = 0,$$

故 $S_2^*(x)=\frac{3}{5}x$.

14. 求函数 $f(x)$ 在指定区间上对于 $\Phi=\mathrm{span}\{1,x\}$ 的最佳平方逼近多项式：

(1) $f(x)=\frac{1}{x},[1,3]$；

(2) $f(x)=\mathrm{e}^x,[0,1]$；

(3) $f(x)=\cos \pi x,[0,1]$；

(4) $f(x)=\ln x,[1,2]$.

解　(1) 这里 $\varphi_0(x)=1,\varphi_1(x)=x,f(x)=\frac{1}{x},[a,b]=[1,3]$，因而

$$(\varphi_0,\varphi_0)=\int_1^3 1\mathrm{d}x = 2,$$

$$(\varphi_0,\varphi_1)=(\varphi_1,\varphi_0)=\int_1^3 x\mathrm{d}x = 4,$$

$$(\varphi_1,\varphi_1)=\int_1^3 x^2\mathrm{d}x = \frac{26}{3},$$

$$(f,\varphi_0)=\int_1^3 \frac{1}{x}\mathrm{d}x = \ln 3,$$

$$(f,\varphi_1)=\int_1^3 \frac{1}{x}\cdot x\mathrm{d}x = 2,$$

从而得法方程为

$$\begin{bmatrix} 2 & 4 \\ 4 & \frac{26}{3} \end{bmatrix}\begin{bmatrix} a_0 \\ a_1 \end{bmatrix}=\begin{bmatrix} \ln 3 \\ 2 \end{bmatrix},$$

解得 $a_0=1.1410,a_1=-0.2958$，即 $S_1^*(x)=-0.2958x+1.1410$.

(2) 这里 $f(x)=\mathrm{e}^x,[a,b]=[0,1]$，因而

$$(\varphi_0,\varphi_0)=\int_0^1 1\mathrm{d}x = 1,$$

$$(\varphi_0,\varphi_1)=(\varphi_1,\varphi_0)=\int_0^1 x\mathrm{d}x = \frac{1}{2},$$

$$(\varphi_1,\varphi_1)=\int_0^1 x^2\mathrm{d}x = \frac{1}{3},$$

$$(f,\varphi_0)=\int_0^1 \mathrm{e}^x\mathrm{d}x = \mathrm{e}-1 = 1.7183,$$

$$(f,\varphi_1)=\int_0^1 \mathrm{e}^x\cdot x\mathrm{d}x=1,$$

从而得法方程为

$$\begin{bmatrix}1 & \frac{1}{2}\\ \frac{1}{2} & \frac{1}{3}\end{bmatrix}\begin{bmatrix}a_0\\ a_1\end{bmatrix}=\begin{bmatrix}1.7183\\ 1\end{bmatrix},$$

解得 $a_0=0.8732, a_1=1.6902$，即 $S_1^*(x)=1.6902x+0.8732$.

(3) $f(x)=\cos\pi x, [a,b]=[0,1]$，则

$$(\varphi_0,\varphi_0)=\int_0^1 1\mathrm{d}x=1,\quad (\varphi_1,\varphi_1)=\int_0^1 x^2\mathrm{d}x=\frac{1}{3},$$

$$(\varphi_0,\varphi_1)=(\varphi_1,\varphi_0)=\int_0^1 x\mathrm{d}x=\frac{1}{2},$$

$$(f,\varphi_0)=\int_0^1\cos\pi x\mathrm{d}x=0,$$

$$(f,\varphi_1)=\int_0^1(\cos\pi x)x\mathrm{d}x=-\frac{2}{\pi^2},$$

从而得法方程为

$$\begin{bmatrix}1 & \frac{1}{2}\\ \frac{1}{2} & \frac{1}{3}\end{bmatrix}\begin{bmatrix}a_0\\ a_1\end{bmatrix}=\begin{bmatrix}0\\ -\frac{2}{\pi^2}\end{bmatrix},$$

解得 $a_1=-2.4312, a_0=1.2156$，即 $S_1^*(x)=-2.4312x+1.2156$.

(4) $f(x)=\ln x, [a,b]=[1,2]$,

$$(\varphi_0,\varphi_0)=\int_1^2 1\mathrm{d}x=1,\quad (\varphi_1,\varphi_1)=\int_1^2 x^2\mathrm{d}x=\frac{7}{3},$$

$$(\varphi_0,\varphi_1)=(\varphi_1,\varphi_0)=\int_1^2 x\mathrm{d}x=\frac{3}{2},$$

$$(f,\varphi_0)=\int_1^2\ln x\mathrm{d}x=2\ln 2-1,\quad (f,\varphi_1)=\int_1^2 x\ln x\mathrm{d}x=2\ln 2-\frac{3}{4},$$

从而得法方程为

$$\begin{bmatrix}1 & \frac{3}{2}\\ \frac{3}{2} & \frac{7}{3}\end{bmatrix}\begin{bmatrix}a_0\\ a_1\end{bmatrix}=\begin{bmatrix}2\ln 2-1\\ 2\ln 2-\frac{3}{4}\end{bmatrix},$$

解得 $a_1=0.6822, a_0=-0.6371$，即 $S_1^*(x)=0.6822x-0.6371$.

15. $f(x)=\sin\frac{\pi}{2}x$，在$[-1,1]$上按勒让德多项式展开求三次最佳平方逼近多项式.

解 由勒让德多项式展开公式得

$$f(x)\sim a_0^*\mathrm{P}_0(x)+a_1^*\mathrm{P}_1(x)+a_2^*\mathrm{P}_2(x)+a_3^*\mathrm{P}_3(x),$$

其中

$$a_k^* = \frac{(f,\mathrm{P}_k)}{(\mathrm{P}_k,\mathrm{P}_k)} = \frac{2k+1}{2}\int_{-1}^{1} f(x)\mathrm{P}_k(x)\mathrm{d}x, \quad k=0,1,2,3.$$

由 $\mathrm{P}_0(x)=1$，得 $a_0^*=0$；

由 $\mathrm{P}_1(x)=x$，得 $a_1^* = \frac{3}{2}\int_{-1}^{1}\sin\frac{\pi}{2}x\cdot x\mathrm{d}x \approx 1.2158542$；

由 $\mathrm{P}_2(x)=\frac{1}{2}(3x^2-1)$，得 $a_2^* = \frac{5}{2}\int_{-1}^{1}\sin\frac{\pi}{2}x\cdot \mathrm{P}_2(x)\mathrm{d}x = 0$；

由 $\mathrm{P}_3(x)=\frac{1}{2}(5x^3-3x)$，得 $a_3^* = \frac{7}{2}\int_{-1}^{1}\sin\frac{\pi}{2}x\cdot \mathrm{P}_3(x)\mathrm{d}x \approx -0.2248914$.

因此所求三次最佳平方逼近多项式为

$$\begin{aligned} S_3^*(x) &= a_1^*\mathrm{P}_1(x) + a_3^*\mathrm{P}_3(x) \\ &= 1.2158542x - 0.2248914\cdot\frac{1}{2}(5x^3-3x) \\ &= 1.5531913x - 0.5622285x^3. \end{aligned}$$

16. 观测物体的直线运动，得出以下数据：

时间 t/s	0	0.9	1.9	3.0	3.9	5.0
距离 s/m	0	10	30	50	80	110

求运动方程.

解 设运动方程为 $S=at+b$，由给定数据得

$$\sum_{i=1}^{6}1=6,\quad \sum_{i=1}^{6}x_i=14.7,\quad \sum_{i=1}^{6}x_i^2=53.63,\quad \sum_{i=1}^{6}y_i=280,\quad \sum_{i=1}^{6}x_iy_i=1078,$$

于是得法方程

$$\begin{cases} 6b+14.7a=280, \\ 14.7b+53.63a=1078, \end{cases}$$

解得 $b=-7.8550478$，$a=22.25376$，所以运动方程为

$$S = 22.25376t - 7.8550478.$$

17. 已知实验数据如下：

x_i	19	25	31	38	44
y_i	19.0	32.3	49.0	73.3	97.8

用最小二乘法求形如 $y=a+bx^2$ 的经验公式，并计算均方误差.

解 由题意 $\Phi=\mathrm{span}\{1,x^2\}$，$\varphi_0(x)=1$，$\varphi_1(x)=x^2$，因而

$$(\varphi_0,\varphi_0)=\sum_{i=1}^{5}1^2=5,\quad (\varphi_1,\varphi_1)=\sum_{i=1}^{5}x_i^4=7277699,$$

$$(\varphi_0,\varphi_1)=(\varphi_1,\varphi_0)=\sum_{i=1}^{5}x_i^2=5327,$$

$$(\varphi_0,y)=\sum_{i=1}^{5}y_i=271.4,\quad (\varphi_1,y)=\sum_{i=1}^{5}x_i^2y_i=369\,321.5,$$

从而得法方程

$$\begin{cases}5a+5327b=271.4,\\5327a+7\,277\,699b=369\,321.5,\end{cases}$$

解得 $a=0.972\,604\,6, b=0.050\,035\,1$，所以经验公式为

$$y=0.972\,604\,6+0.050\,035\,1x^2,$$

均方误差为

$$\|\delta\|_2=[\|y\|_2^2-a(\varphi_0,y)-b(\varphi_1,y)]^{1/2}=(0.016\,93)^{1/2}=0.130.$$

18. 在某化学反应中,由实验得分解物浓度与时间关系如下：

时间 t/s	0	5	10	15	20	25	35	40	45	50	55
浓度 $y/(\times10^{-4})$	0	1.27	2.16	2.85	3.44	3.87	4.15	4.58	4.58	4.62	4.64

用最小二乘法求 $y=f(t)$.

解 将给定数据点画出草图,可见曲线近似指数函数,故设 $y=ae^{b/t}$,两边取对数得

$$\ln y=\ln a+\frac{b}{t},$$

记 $\bar{y}=\ln y, A=\ln a$，则有

$$\bar{y}=A+b\frac{1}{t},$$

即 $\Phi=\mathrm{span}\left\{1,\frac{1}{t}\right\},\varphi_0(x)=1,\varphi_1(x)=\frac{1}{t}$. 计算

$$(\varphi_0,\varphi_0)=\sum_{i=1}^{11}1^2=11,\quad (\varphi_1,\varphi_1)=\sum_{i=1}^{11}\frac{1}{t_i^2}=0.062\,321\,36.$$

$$(\varphi_0,\varphi_1)=(\varphi_1,\varphi_0)=\sum_{i=1}^{11}\frac{1}{t_i}=0.603\,975\,5,$$

$$(\varphi_0,\bar{y})=\sum_{i=1}^{11}\bar{y}_i=13.639\,649,\quad (\varphi_1,\bar{y})=\sum_{i=1}^{11}\frac{\bar{y}_i}{t_i}=0.530\,330\,3,$$

从而得法方程为

$$\begin{cases}11A+0.603\,975\,56b=13.639\,649,\\0.603\,975\,5A+0.062\,321\,366b=0.530\,330\,3,\end{cases}$$

解得 $b=-7.496\,169\,2, A=1.651\,559\,2$，从而得 $a=5.215\,104\,8$，故

$$y=5.215\,104\,8e^{\frac{-7.496\,169\,2}{t}}.$$

19. 用辗转相除法将 $R_{22}(x)=\dfrac{3x^2+6x}{x^2+6x+6}$ 化为连分式.

解　$R_{22}(x)=\dfrac{3x^2+6x}{x^2+6x+6}=3-\dfrac{12x+18}{x^2+6x+6}$

$$=3-\cfrac{12}{\cfrac{x^2+6x+6}{x+\cfrac{3}{2}}}=3-\cfrac{12}{x+\cfrac{9}{2}-\cfrac{\cfrac{3}{4}}{x+\cfrac{3}{2}}}$$

$$=3-\cfrac{12}{x+4.5-\cfrac{0.75}{x+1.5}}.$$

20. 求 $f(x)=\sin x$ 在 $x=0$ 处的(3,3)阶帕德逼近 $R_{33}(x)$.

解　$f(x)=\sin x$ 在 $x=0$ 处的泰勒展开为

$$\sin x = x-\frac{x^3}{3!}+\frac{x^5}{5!}-\frac{x^7}{7!}+\cdots,$$

因而有

$$c_0=0,\quad c_1=1,\quad c_2=0,\quad c_3=-\frac{1}{3!}=-\frac{1}{6},$$

$$c_4=0,\quad c_5=\frac{1}{5!}=\frac{1}{120},\quad c_6=0.$$

当 $m=n=3$ 时,所求解的线性方程组为

$$\begin{cases}-c_1b_3-c_2b_2-c_3b_1=c_4,\\ -c_2b_3-c_3b_2-c_4b_1=c_5,\\ -c_3b_3-c_4b_2-c_5b_1=c_6,\end{cases}$$

即

$$-\begin{bmatrix}1 & 0 & \frac{-1}{6}\\ 0 & \frac{-1}{6} & 0\\ \frac{-1}{6} & 0 & \frac{1}{120}\end{bmatrix}\begin{bmatrix}b_3\\ b_2\\ b_1\end{bmatrix}=\begin{bmatrix}0\\ \frac{1}{120}\\ 0\end{bmatrix},$$

解得 $b_3=0,b_2=\dfrac{1}{20},b_1=0$. 又由

$$a_k=\sum_{j=0}^{k-1}c_jb_{k-j}+c_k,\quad k=0,1,2,3,$$

有

$$a_0=c_0=0,$$
$$a_1=c_0b_1+c_1=1,$$
$$a_2=c_0b_2+c_1b_1+c_2=0,$$
$$a_2=c_0b_3+c_1b_2+c_2b_1+c_3=\frac{1}{20}-\frac{1}{6}=-\frac{7}{60},$$

所以

$$R_{33}(x)=\frac{a_0+a_1x+a_2x^2+a_3x^3}{1+b_1x+b_2x^2+b_3x^3}=\frac{x-\frac{7}{60}x^3}{1+\frac{1}{20}x^2}=\frac{60x-7x^3}{60+3x^2}.$$

21. 求 $f(x)=\mathrm{e}^x$ 在 $x=0$ 处的(2,1)阶帕德逼近 $R_{21}(x)$.

解 $f(x)=\mathrm{e}^x$ 在 $x=0$ 处的泰勒展开为

$$\mathrm{e}^x=1+x-\frac{x^2}{2!}+\frac{x^3}{3!}+\cdots,$$

因而,有 $c_0=1,c_1=1,c_2=\frac{1}{2},c_3=-\frac{1}{3!}=-\frac{1}{6}$.

当 $n=2,m=1$ 时,所求解的方程组为 $-c_2b_1=c_3$,即

$$-\frac{1}{2}b_1=\frac{1}{6},$$

解得 $b_1=-\frac{1}{3}$.

又由

$$a_k=\sum_{j=0}^{k-1}c_jb_{k-j}+c_k,\quad k=0,1,2,$$

有

$$a_0=c_0=1,$$

$$a_1=c_0b_1+c_1=-\frac{1}{3}+1=\frac{2}{3},$$

$$a_2=c_1b_1+c_2=-\frac{1}{3}+\frac{1}{2}=\frac{1}{6},$$

所以

$$R_{21}(x)=\frac{a_0+a_1x+a_2x^2}{1+b_1x}=\frac{1+\frac{2}{3}x+\frac{1}{6}x^2}{1-\frac{1}{3}x}=\frac{6+4x+x^2}{6-2x}.$$

22. 求 $f(x)=\frac{1}{x}\ln(1+x)$在 $x=0$ 处的(1,1)阶帕德逼近 $R_{11}(x)$.

解 $f(x)=\frac{1}{x}\ln(1+x)$在 $x=0$ 处的泰勒展开为

$$\frac{1}{x}\ln(1+x)=1-\frac{1}{2}x-\frac{1}{3}x^2-\frac{1}{4}x^3+\cdots,$$

因而,有 $c_0=1,c_1=-\frac{1}{2},c_2=\frac{1}{3},c_3=-\frac{1}{4}$.

当 $n=m=1$ 时,所求解的方程组为

$$-c_1b_1=c_2,$$

即

$$\frac{1}{2}b_1 = \frac{1}{3},$$

于是

$$b_1 = \frac{2}{3}.$$

由

$$a_k = \sum_{j=0}^{k-1} c_j b_{k-j} + c_k, \quad k = 0,1,$$

有

$$a_0 = c_0 = 1, \quad a_1 = c_0 b_1 + c_1 = \frac{2}{3} - \frac{1}{2} = \frac{1}{6},$$

所以

$$R_{11}(x) = \frac{a_0 + a_1 x}{1 + b_1 x} = \frac{1 + \frac{1}{6}x}{1 + \frac{2}{3}x} = \frac{6 + x}{6 + 4x}.$$

23. 给定 $f(x)=\cos 2x, m=4, n=2$，求$[-\pi,\pi]$上的离散最小二乘三角多项式 $S_2(x)$.

解　先求 $f(x)=\cos 2x$ 在$[0,2\pi]$上的最小二乘三角逼近多项式 $S_2(x)$.

由 $m=4, n=2$，有

$$x_j = \frac{2\pi j}{9}, \quad j = 0,1,\cdots,8,$$

$$S_2(x) = \frac{1}{2}a_0 + \sum_{k=1}^{2}(a_k \cos kx + b_k \sin kx),$$

$$a_k = \frac{2}{9}\sum_{j=0}^{8} f_j \cos\frac{2\pi jk}{9}, \quad k = 0,1,2,$$

$$b_k = \frac{2}{9}\sum_{j=0}^{8} f_j \sin\frac{2\pi jk}{9}, \quad k = 1,2,$$

由函数族$\{1,\cos x,\sin x,\cdots,\cos 4x,\sin 4x\}$在点集$\left\{x_j=\frac{2\pi j}{9}\right\}$上的正交性，有

$$a_k = \frac{2}{9}\sum_{j=0}^{8} \cos 2\cdot\frac{2\pi j}{9}\cos k\,\frac{2\pi j}{9} = \begin{cases} \frac{2}{9}\cdot\frac{9}{2} = 1, & k = 2, \\ 0, & k \neq 2; \end{cases}$$

$$b_k = \frac{2}{9}\sum_{j=0}^{8} \sin 2\cdot\frac{2\pi j}{9}\cos k\,\frac{2\pi j}{9} = 0, \quad k = 1,2.$$

故 $f(x)=\cos 2x$ 在$[0,2\pi]$上的离散最小二乘三角逼近多项式为 $S_2(x)=\cos 2x$.

由 $f(x)=\cos 2x$ 的周期性，知 $f(x)$在$[-\pi,\pi]$上的离散最小二乘三角逼近多项式为 $S_2(x)=\cos 2x$.

24. 使用 FFT 算法,求函数 $f(x)=|x|$ 在 $[-\pi,\pi]$ 上的 4 次三角插值多项式 $S_4(x)$.

解 设 $S_2(x)=\frac{1}{2}a_0+\sum_{k=1}^{4}(a_k\cos kx+b_k\sin kx)$,则可在 $[-\pi,\pi]$ 上取 8 个点 $x_j=-\pi+\frac{\pi}{4}j$,$j=0,1,\cdots,7$,即 $N=8$,$f_j=|x_j|$. 由 FFT 算法,先计算

$$c_k=\sum_{j=0}^{7}f_j\omega^{jk},$$

这里 $\omega=e^{i\frac{2}{8}\pi}=e^{i\frac{\pi}{4}}$,由 FFT 算法计算过程(表 3-5),有

$$c_0=4\pi,\quad c_1=\pi+\frac{1}{2}\pi\omega-\frac{1}{2}\pi\omega^3=5.363\,034,$$

$$c_2=0,\quad c_3=\pi+\frac{1}{2}\pi\omega^3+\frac{1}{2}\pi\omega^5=0.920\,151,\quad c_4=0.$$

故由 $a_k=\frac{1}{4}\mathrm{Re}\,(c_k e^{-i\pi k})$,有

$$a_0=\frac{1}{4}\mathrm{Re}\,(c_0)=\pi=3.141\,592\,6,$$

$$a_1=\frac{1}{4}\mathrm{Re}\,(c_1 e^{-i\pi})=-1.340\,759,$$

$$b_1=\frac{1}{4}\mathrm{Im}\,(c_1 e^{-i\pi})=0,$$

$$a_2=b_2=0,$$

$$a_3=\frac{1}{4}\mathrm{Re}\,(c_3 e^{-i\pi 3})=-0.230\,037,$$

$$b_3=\frac{1}{4}\mathrm{Im}\,(c_3 e^{-i\pi 3})=0,$$

$$a_4=b_4=0,$$

即

$$S_4(x)=1.570\,796-1.340\,759\cos x-0.230\,037\cos 3x.$$

第4章　数值积分与数值微分

复习与思考题解答

1. 给出计算积分的梯形公式及中矩形公式.说明它们的几何意义.

答　梯形公式：$\int_a^b f(x)\mathrm{d}x \approx \frac{b-a}{2}[f(a)+f(b)]$，其几何意义是用上底为 $f(a)$，下底为 $f(b)$，高为 $b-a$ 的梯形面积近似曲边梯形的面积(积分值).

中矩阵公式：$\int_a^b f(x)\mathrm{d}x \approx (b-a)f\left(\frac{a+b}{2}\right)$，其几何意义是用长为 $b-a$，宽为 $f\left(\frac{a+b}{2}\right)$ 的矩形面积近似曲边梯形面积(积分值).

2. 什么是求积公式的代数精确度？梯形公式及中矩形公式的代数精确度是多少？

答　若某个求积公式对于次数不超过 m 的多项式均能准确成立，但对于 $m+1$ 次多项式不准确成立，则称该求积公式具有 m 次代数精度，梯形公式的代数精度为 1，中矩形公式的代数精度也为 1.

3. 对给定求积公式的节点，给出两种计算求积系数的方法.

答　给定求积公式的节点($n+1$ 个)，可取代数精度 $m=n$，令求积公式对 $f(x)=1,x,\cdots,x^m$ 都精确成立，然后求解关于 $m+1$ 个求积系数的线性方程组，确定求积系数.

也可以利用求积节点构造关于被积函数的插值多项式，用插值多项式的积分作为积分的近似值，从而构造出插值型求积公式，事实上这种方法中的求积系数就是插值基函数的积分.

4. 什么是牛顿—柯特斯求积？它的求积节点如何分布？它的代数精确度是多少？

答　将积分区间作等分，由等距节点构造出的插值型求积公式称为牛顿—柯特斯公式，由于是插值型的，所以 n 阶牛顿—柯特斯公式至少具有 n 次代数精度.但实际上，当 n 为偶数时，牛顿—柯特斯公式至少具有 $n+1$ 次代数精度.

5. 什么是辛普森求积公式？它的余项是什么？它的代数精确度是多少？

答　$n=2$ 时的牛顿—柯特斯公式为辛普森公式，即

$$S=\frac{b-a}{6}\left[f(a)+4f\left(\frac{a+b}{2}\right)+f(b)\right],$$

其余项

$$R[f]=-\frac{b-a}{180}\left(\frac{b-a}{2}\right)^4 f^{(4)}(\eta),\quad \eta\in(a,b),$$

辛普森求积公式的代数精度为 3.

6. 什么是复合求积法？给出复合梯形公式及其余项表达式.

答　为了提高精度，通常可把积分区间分成若干子区间(通常是等分)，在每个子区间上用

低阶求积公式，这种方法称为复合求积法. 若将积分区间$[a,b]$分成 n 个小区间，在每个小区间上使用梯形公式，则为复合梯形公式，即

$$T_n = \frac{h}{2}\left[f(a) + 2\sum_{k=1}^{n-1} f(x_k) + f(b)\right],$$

余项

$$R_n[f] = -\frac{b-a}{12}h^2 f''(\eta), \quad \eta \in (a,b).$$

7. 给出复合辛普森公式及其余项表达式. 如何估计它的截断误差?

答 复合辛普森公式

$$S_n = \frac{h}{6}\left[f(a) + 4\sum_{k=0}^{n-1} f(x_{k+1/2}) + 2\sum_{k=1}^{n-1} f(x_k) + f(b)\right],$$

余项表达式

$$R_n[f] = -\frac{b-a}{180}\left(\frac{h}{2}\right)^4 f^{(4)}(\eta), \quad \eta \in (a,b).$$

若 $f(x)\in C^4[a,b]$，则复合辛普森公式的截断误差

$$\left|\int_a^b f(x)\mathrm{d}x - S_n\right| \leqslant \frac{b-a}{2880}\left(\frac{1}{n}\right)^4 \max_{a\leqslant x\leqslant b} |f^{(4)}(x)|.$$

8. 什么是龙贝格求积? 它有什么优点?

答 龙贝格求积是从梯形公式出发，将区间逐次二分，通过外推算法，逐步提高求积公式的精度，其优点在于通过一次次的加工，用阶数较低的求积公式得到高精度的结果，便于编程计算.

9. 什么是高斯型求积公式? 它的求积节点是如何确定的? 它的代数精确度是多少? 为何称它是具有最高代数精确度的求积公式?

答 高斯型求积公式是适当选取求积节点和求积系数 $x_k, A_k(k=0,1,\cdots,n)$，使求积公式具有 $2n+1$ 次代数精度，高斯求积公式的求积节点称为高斯点. 节点 $x_0,x_1,\cdots,x_n$ 是高斯点的充分必要条件是以这些节点为零点的多项式

$$\omega_{n+1}(x) = (x-x_0)(x-x_1)\cdots(x-x_n)$$

与任何次数不超过 n 的多项式 $p(x)$带权 $\rho(x)$正交，即

$$\int_a^b p(x)\omega_{n+1}(x)\rho(x)\mathrm{d}x = 0,$$

所以通常将求积节点取为 $n+1$ 次带权正交多项式的零点.

由于 $n+1$ 个节点求积公式的代数精度不可能超过 $2n+1$，所以高斯型求积公式是具有最高代数精度的求积公式.

10. 牛顿—柯特斯求积和高斯求积的节点分布有什么不同? 对同样数目的节点，两种求积方法哪个更精确? 为什么?

答 牛顿—柯特斯公式的求积节点是等距的，而高斯求积公式的求积节点通常是不等距的. 对于同样数目的求积节点，如 $n+1$ 个，牛顿—柯特斯公式至少具有 n 次代数精度，n 为偶

数时至少具有 $n+1$ 次代数精度，但通常达不到 $2n+1$ 次，而高斯型求积公式则可以达到 $2n+1$ 次代数精度，所以对同样数目的节点，高斯型求积公式更精确一些.

11. 描述自适应求积的一般步骤. 怎样得到所需的误差估计？

答　如果在求积区间中被积函数变化很大，有的部分函数值变化剧烈，另一部分变化平缓，这时统一将区间等分用复合求积计算积分工作量就会很大，若针对被积函数在区间上不同情形采用不同的步长，对变化剧烈部分进行细分，平缓部分则加大步长，这样就可以在满足精度的前提下减少积分计算的工作量，其技巧是在不同的区间上预测被积函数变化的剧烈程度确定相应步长，这就是自适应积分方法(一般步骤和误差估计方法见教材 113 页).

12. 怎样利用标准的一维求积公式计算矩形域上的二重积分？

答　对于矩形区域 $R=\{(x,y)\mid a\leqslant x\leqslant b, c\leqslant y\leqslant d\}$，可以将二重积分

$$\iint_R f(x,y)\mathrm{d}A$$

写成累次积分

$$\iint_R f(x,y)\mathrm{d}A=\int_a^b\left(\int_c^d f(x,y)\mathrm{d}y\right)\mathrm{d}x,$$

再分别将 $[a,b]$，$[c,d]$ 分成 N，M 等份，步长 $h=\dfrac{b-a}{N}$，$k=\dfrac{d-c}{M}$，先对积分

$$\int_c^d f(x,y)\mathrm{d}y$$

使用关于 y 的复合求积公式，如使用复合辛普森公式

$$\int_c^d f(x,y)\mathrm{d}y=\frac{k}{6}\Big[f(x,y_0)+4\sum_{i=0}^{M-1}f(x,y_{i+1/2})+2\sum_{i=1}^{M-1}f(x,y_i)+f(x,y_M)\Big],$$

从而

$$\int_a^b\int_c^d f(x,y)\mathrm{d}y\mathrm{d}x=\frac{k}{6}\Big[\int_a^b f(x,y_0)\mathrm{d}x+4\sum_{i=0}^{M-1}\int_a^b f(x,y_{i+1/2})\mathrm{d}x$$
$$+2\sum_{i=1}^{M-1}\int_a^b f(x,y_i)\mathrm{d}x+\int_a^b f(x,y_M)\mathrm{d}x\Big],$$

然后再对每个积分使用关于 x 的复合求积公式，如复合辛普森公式，即可完成二重积分的计算，当然在计算上述积分时也可以使用其他求积公式.

13. 对给定函数，给出两种近似求导的方法. 若给定函数值有扰动，在你的方法中怎样处理这个问题？

答　如果给定的函数有解析表达式，而且此解析表达式的导函数比较容易求得，那么可以求出其导函数的解析表达式，然后由此解析表达式在某点的值来作为导数的近似值. 反之，就是说函数的解析表达式的导函数比较复杂，或给定的函数无解析表达式，这时可以通过一些点上的函数值来求所给函数的插值多项式，然后用插值多项式在某点的导数来作为导数的近似值.

若给定函数值有扰动，可以先由给定的函数值做最小二乘拟合，然后用拟合函数的导数作

为给定函数导数的近似值.

14. 判断下列命题是否正确.

(1) 如果被积函数在区间[a,b]上连续,则它的黎曼(Riemann)积分一定存在.

(2) 数值求积公式计算总是稳定的.

(3) 代数精确度是衡量算法稳定性的一个重要指标.

(4) $n+1$ 个点的插值型求积公式的代数精确度至少是 n 次,最多可达到 $2n+1$ 次.

(5) 高斯求积公式只能计算区间[-1,1]上的积分.

(6) 求积公式的阶数与所依据的插值多项式的次数一样.

(7) 梯形公式与两点高斯公式精度一样.

(8) 高斯求积公式系数都是正数,故计算总是稳定的.

(9) 由于龙贝格求积节点与牛顿—柯特斯求积节点相同,因此它们的精度相同.

(10) 阶数不同的高斯求积公式没有公共节点.

答 (1) 对.这是微积分中的一个基本结论.

(2) 错.当 $n\geqslant 8$ 时的牛顿—柯特斯公式的求积系数出现负值,就是不稳定的.

(3) 错.代数精度是衡量求积公式精度的一个指标.

(4) 对.对于一般节点的情形,插值型求积公式的代数精确度至少是 n 次的;当节点取为相应正交多项式的零点或高斯点时,求积公式的代数精确度可以达到 $2n+1$ 次.

(5) 错.高斯求积公式可以计算任何区间上的积分,只要做适当的区间变换即可.

(6) 错.当阶数 n 为偶数时,插值型求积公式(牛顿—柯特斯公式)的代数精度至少为 $n+1$.

(7) 错.梯形公式的代数精度为 1,两点高斯求积公式的代数精度为 3.

(8) 对.这可由 $A_k=\int_a^b l_k^2(x)\rho(x)\mathrm{d}x$(其中 $l_k(x)$ 为拉格朗日插值基函数)得出.

(9) 错.龙贝格求积公式对被积函数的连续性要求比较高.当被积函数的连续性不太高时,用复合牛顿—柯特斯求积公式求得的积分值的精度可能会比用龙贝格求积公式求得的积分值的精度高些.

(10) 错.不同次数正交多项式有可能具有公共的零点.

习 题 解 答

1. 确定下列求积公式中的待定参数,使其代数精度尽量高,并指明所构造出的求积公式具有的代数精度:

(1) $\int_{-h}^{h} f(x)\mathrm{d}x \approx A_{-1}f(-h)+A_0 f(0)+A_1 f(h)$;

(2) $\int_{-2h}^{2h} f(x)\mathrm{d}x \approx A_{-1}f(-h)+A_0 f(0)+A_1 f(h)$;

(3) $\int_{-1}^{1} f(x)\mathrm{d}x \approx [f(-1)+2f(x_1)+3f(x_2)]/3$;

(4) $\int_0^h f(x)\mathrm{d}x \approx h[f(0)+f(h)]/2 + ah^2[f'(0)-f'(h)]$.

解　(1) 将 $f(x)=1,x,x^2$ 分别代入公式两端并令其左右相等,得

$$\begin{cases} A_{-1}+A_0+A_1=2h, \\ -hA_{-1}+hA_1=0, \\ h^2A_{-1}+h^2A_1=\dfrac{2}{3}h^3. \end{cases}$$

解得 $A_{-1}=A_1=\dfrac{h}{3}, A_0=\dfrac{4h}{3}$, 所求公式至少具有2次代数精度.

又由于

$$\int_{-h}^{h} x^3\mathrm{d}x = \frac{1}{4}x^4\Big|_{-h}^{h} = 0 = \frac{h}{3}(-h)^3+\frac{h}{3}(h)^3,$$

$$\int_{-h}^{h} x^4\mathrm{d}x = \frac{1}{5}x^5\Big|_{-h}^{h} = \frac{2}{5}h^5 \neq \frac{2}{3}h^5 = \frac{h}{3}(-h)^4+\frac{h}{3}(h)^4,$$

故 $\int_{-h}^{h} f(x)\mathrm{d}x \approx \dfrac{h}{3}f(-h)+\dfrac{4h}{3}f(0)+\dfrac{h}{3}f(h)$ 具有3次代数精度.

(2) 将 $f(x)=1,x,x^2$ 分别代入公式两端并令其左右相等,得

$$\begin{cases} A_{-1}+A_0+A_1=4h, \\ -hA_{-1}+hA_1=0, \\ h^2A_{-1}+h^2A_1=\dfrac{2}{3}(2h)^3. \end{cases}$$

解得 $A_{-1}=A_1=\dfrac{8h}{3}, A_0=-\dfrac{4h}{3}$, 所求公式至少具有2次代数精度.

又由于

$$\int_{-2h}^{2h} x^3\mathrm{d}x = \frac{1}{4}x^4\Big|_{-2h}^{2h} = 0 = \frac{8}{3}h[(-h)^3+(h)^3],$$

$$\int_{-2h}^{2h} x^4\mathrm{d}x = \frac{1}{5}x^5\Big|_{-2h}^{2h} = \frac{64}{5}h^5 \neq \frac{16}{3}h^5 = \frac{8}{3}h[(-h)^4+(h)^4],$$

故 $\int_{-2h}^{2h} f(x)\mathrm{d}x \approx \dfrac{8h}{3}f(-h)-\dfrac{4h}{3}f(0)+\dfrac{8h}{3}f(h)$ 具有3次代数精度.

(3) 将 $f(x)=1$ 代入公式,有

$$2=\int_{-1}^{1}1\mathrm{d}x=[f(-1)+2f(x_1)+3f(x_2)]/3=2;$$

令公式对 $f(x)=x,x^2$ 准确成立, 即

$$\begin{cases} -1+2x_1+3x_2=0, \\ 1+2x_1^2+3x_2^2=2, \end{cases}$$

解得

$$\begin{cases} x_1=-0.289\,897\,9, \\ x_2=0.526\,598\,6 \end{cases} \quad 或 \quad \begin{cases} x_1=0.689\,897\,9, \\ x_2=-0.126\,598\,6. \end{cases}$$

将 $f(x)=x^3$ 代入已确定的求积公式，有

$$\int_{-1}^{1} x^3 \mathrm{d}x \ \frac{1}{4}x^4 \Big|_{-1}^{1} = \frac{1}{2} \neq \frac{1}{3}[f(-1)+2f(x_1)+3f(x_2)],$$

故求积公式具有 2 次代数精度. 求积公式为

$$\int_{-1}^{1} f(x)\mathrm{d}x \approx \frac{1}{3}[f(-1)+2f(-0.289\,897\,9)+3f(0.526\,598\,6)],$$

或

$$\int_{-1}^{1} f(x)\mathrm{d}x \approx \frac{1}{3}[f(-1)+2f(0.689\,897\,9)+3f(-0.126\,598\,6)].$$

(4) 将 $f(x)=1,x$ 代入公式，有

$$h=\int_0^h 1\mathrm{d}x=\frac{h}{2}[1+1]+0=h,$$

$$\frac{h^2}{2}=\int_0^h x\mathrm{d}x=\frac{h}{2}[0+h]+\alpha h^2[1-1]=\frac{h^2}{2},$$

令公式对 $f(x)=x^2$ 准确成立，即

$$\frac{h^3}{3}=\int_0^h x^2\mathrm{d}x=\frac{h}{2}[0+h^2]+\alpha h^2[2\times 0-2h],$$

解得 $\alpha=\frac{1}{12}$.

将 $f(x)=x^3,x^4$ 代入已确定的求积公式，有

$$\frac{h^4}{4}=\int_0^h x^3\mathrm{d}x=\frac{h}{2}[0+h^3]+\frac{h^2}{12}[0-3h^2]=\frac{h^4}{4},$$

$$\frac{h^5}{5}=\int_0^h x^4\mathrm{d}x\neq\frac{1}{6}h^5=\frac{h}{2}[0+h^4]+\frac{h^2}{12}[0-4h^3],$$

故求积公式具有 3 次代数精度.

2. 分别用梯形公式和辛普森公式计算下列积分：

(1) $\int_0^1 \frac{x}{4+x^2}\mathrm{d}x, n=8$;

(2) $\int_1^9 \sqrt{x}\mathrm{d}x, n=4$;

(3) $\int_0^{\pi/6} \sqrt{4-\sin^2\varphi}\mathrm{d}\varphi, n=6$.

解 (1) 用复合梯形公式，$h=\frac{1}{8}, f(x)=\frac{x}{4+x^2}, x_k=\frac{1}{8}k(k=1,2,\cdots,7)$,

$$T_8=\frac{h}{2}\left[f(0)+2\sum_{k=1}^{7}f(x_k)+f(1)\right]=0.111\,402\,4,$$

用复合辛普森公式，$h=\frac{1}{8}, f(x)=\frac{x}{4+x^2}, x_k=\frac{1}{8}k(k=1,2,\cdots,7)$,

$$x_{k+\frac{1}{2}}=\frac{1}{8}k+\frac{1}{16},\quad k-0,1,\cdots,7,$$

$$S_8 = \frac{h}{6}\Big[f(0) + 4\sum_{k=0}^{7} f(x_{k+1/2}) + 2\sum_{k=1}^{7} f(x_k) + f(1)\Big] = 0.1115718.$$

(2) 用复合梯形公式，$h=2, f(x)=\sqrt{x}, x_k=1+2k(k=1,2,3)$，

$$T_4 = \frac{h}{2}\Big[f(1) + 2\sum_{k=1}^{3} f(x_k) + f(9)\Big] = 17.22774,$$

用复合辛普森公式，$h=2, f(x)=\sqrt{x}, x_k=1+2k(k=1,2,3)$，

$$x_{k+\frac{1}{2}} = 2 + 2k,\quad k = 0,1,2,3,$$

$$S_4 = \frac{h}{6}\Big[f(1) + 4\sum_{k=0}^{3} f(x_{k+1/2}) + 2\sum_{k=1}^{3} f(x_k) + f(9)\Big] = 17.3320873.$$

(3) 用复合梯形公式，$h=\frac{\pi}{36}, f(x)=\sqrt{4-\sin^2\varphi}, x_k=\frac{\pi}{36}k(k=1,2,\cdots,5)$，

$$T_6 = \frac{h}{2}\Big[f(0) + 2\sum_{k=1}^{5} f(x_k) + f(\pi/6)\Big] = 1.0356841,$$

用复合辛普森公式，$h=\frac{\pi}{36}, f(x)=\sqrt{4-\sin^2\varphi}, x_k=\frac{\pi}{36}k(k=1,2,\cdots,5)$，

$$x_{k+\frac{1}{2}} = \frac{\pi}{36}k + \frac{\pi}{72},\quad k = 0,1,\cdots,5$$

$$S_6 = \frac{h}{6}\Big[f(0) + 4\sum_{k=0}^{5} f(x_{k+1/2}) + 2\sum_{k=1}^{5} f(x_k) + f(\pi/6)\Big] = 1.0357639.$$

3. 直接验证柯特斯公式(2.4)具有 5 次代数精度.

证明　柯特斯公式(2.4)为

$$\int_a^b f(x)\mathrm{d}x \approx \frac{b-a}{90}[7f(x_0) + 32f(x_1) + 12f(x_2) + 32f(x_3) + 7f(x_4)],$$

其中 $h=\frac{b-a}{4}, x_k=a+kh(k=0,1,2,3,4)$.

分别将 $f(x)=1,x,x^2,x^3,x^4,x^5,x^6$ 代入公式，有

$$\int_a^b 1\mathrm{d}x = b - a,$$

$$\frac{b-a}{90}[7f(a) + 32f(x_1) + 12f(x_2) + 32f(x_3) + 7f(b)]$$

$$= \frac{b-a}{90}(7 + 32 + 12 + 32 + 7) = b - a;$$

$$\int_a^b x\mathrm{d}x = \frac{1}{2}(b^2 - a^2),$$

$$\frac{b-a}{90}[7f(a) + 32f(x_1) + 12f(x_2) + 32f(x_3) + 7f(b)]$$

$$= \frac{b-a}{90}\Big[7a + 32\Big(a + \frac{b-a}{4}\Big) + 12\Big(a + \frac{b-a}{2}\Big) + 32\Big(a + \frac{3(b-a)}{4}\Big) + 7b\Big]$$

$$= \frac{b-a}{90}(45b+45a) = \frac{1}{2}(b^2-a^2);$$

$$\int_a^b x^2 \mathrm{d}x = \frac{1}{3}(b^3-a^3),$$

$$\frac{b-a}{90}[7f(a)+32f(x_1)+12f(x_2)+32f(x_3)+7f(b)]$$

$$= \frac{b-a}{90}\left[7a^2+32\left(a+\frac{b-a}{4}\right)^2+12\left(a+\frac{b-a}{2}\right)^2+32\left(a+\frac{3(b-a)^2}{4}\right)+7b^2\right]$$

$$= \frac{b-a}{90}(30a^2+30ab+30b^2) = \frac{b^3-a^3}{3};$$

$$\int_a^b x^3 \mathrm{d}x = \frac{1}{4}(b^4-a^4),$$

$$\frac{b-a}{90}[7f(a)+32f(x_1)+12f(x_2)+32f(x_3)+7f(b)]$$

$$= \frac{b-a}{90}\left[7a^3+32\left(a+\frac{b-a}{4}\right)^3+12\left(a+\frac{b-a}{2}\right)^3+32\left(a+\frac{3(b-a)}{4}\right)^3+7b^3\right]$$

$$= \frac{b-a}{90}\cdot\frac{45(a^3+a^2b+ab^2+b^3)}{2} = \frac{1}{4}(b^4-a^4);$$

$$\int_a^b x^4 \mathrm{d}x = \frac{1}{5}(b^5-a^5),$$

$$\frac{b-a}{90}[7f(a)+32f(x_1)+12f(x_2)+32f(x_3)+7f(b)]$$

$$= \frac{b-a}{90}\left[7a^4+32\left(a+\frac{b-a}{4}\right)^4+12\left(a+\frac{b-a}{2}\right)^4+32\left(a+\frac{3(b-a)}{4}\right)^4+7b^4\right]$$

$$= \frac{b-a}{90}\cdot 18(a^4+a^3b+a^2b^2+ab^3+b^4) = \frac{1}{5}(b^5-a^5);$$

$$\int_a^b x^5 \mathrm{d}x = \frac{1}{6}(b^6-a^6),$$

$$\frac{b-a}{90}[7f(a)+32f(x_1)+12f(x_2)+32f(x_3)+7f(b)]$$

$$= \frac{b-a}{90}\left[7a^5+32\left(a+\frac{b-a}{4}\right)^5+12\left(a+\frac{b-a}{2}\right)^5+32\left(a+\frac{3(b-a)}{4}\right)^5+7b^5\right]$$

$$= \frac{b-a}{90}\cdot 15(a^5+a^4b+a^3b^2+a^2b^3+ab^4+b^5) = \frac{1}{6}(b^6-a^6);$$

$$\int_a^b x^6 \mathrm{d}x = \frac{1}{7}(b^7-a^7),$$

$$\frac{b-a}{90}[7f(a)+32f(x_1)+12f(x_2)+32f(x_3)+7f(b)]$$

$$= \frac{b-a}{90}\left[7a^6+32\left(a+\frac{b-a}{4}\right)^6+12\left(a+\frac{b-a}{2}\right)^6+32\left(a+\frac{3(b-a)}{4}\right)^6+7b^6\right]$$

$$=\frac{b-a}{90}\cdot\frac{825a^6+810a^5b+855a^4b^2+780a^3b^3+855a^2b^4+810ab^5+825b^6}{64}$$

$$\neq\frac{1}{7}(b^7-a^7).$$

故求积公式具有 5 次代数精度.

4. 用辛普森公式求积分 $\int_0^1 \mathrm{e}^{-x}\mathrm{d}x$ 并估计误差.

解　由辛普森公式

$$S=\frac{b-a}{6}\left[f(a)+4f\left(\frac{a+b}{2}\right)+f(b)\right],$$

故有

$$S=\frac{1-0}{6}\left[\mathrm{e}^{-0}+\mathrm{e}^{-\frac{1}{2}}+\mathrm{e}^{-1}\right]=0.632\,333\,7,$$

误差

$$|R[f]|=\left|-\frac{b-a}{180}\left(\frac{b-a}{2}\right)^4 f^{(4)}(\eta)\right|\leqslant\frac{1}{180}\times\frac{1}{2^4}\times\mathrm{e}^0=0.000\,347\,2.$$

5. 推导下列三种矩形求积公式:

$$\int_a^b f(x)\mathrm{d}x=(b-a)f(a)+\frac{f'(\eta)}{2}(b-a)^2;$$

$$\int_a^b f(x)\mathrm{d}x=(b-a)f(b)-\frac{f'(\eta)}{2}(b-a)^2;$$

$$\int_a^b f(x)\mathrm{d}x=(b-a)f\left(\frac{a+b}{2}\right)+\frac{f''(\eta)}{24}(b-a)^3.$$

证明　假设 $f(x)$在$[a,b]$上连续可微. 将 $f(x)$在 $x=a$ 处做泰勒展开,有

$$f(x)=f(a)+f'(\xi)(x-a),\quad \xi\in(a,x),$$

两边同时在$[a,b]$上积分,得

$$\int_a^b f(x)\mathrm{d}x=\int_a^b f(a)\mathrm{d}x+\int_a^b f'(\xi)(x-a)\mathrm{d}x$$

$$=(b-a)f(a)+\int_a^b f'(\xi)(x-a)\mathrm{d}x.$$

由于 $x-a$ 在$[a,b]$上不变号,并注意 $f'(\xi)$是 x 的函数,由积分中值定理得存在 $\eta\in(a,b)$,使

$$\int_a^b f'(\xi)(x-a)\mathrm{d}x=f'(\eta)\int_a^b(x-a)\mathrm{d}x=\frac{f'(\eta)}{2}(b-a)^2,$$

从而

$$\int_a^b f(x)\mathrm{d}x=(b-a)f(a)+\frac{f'(\eta)}{2}(b-a)^2,\quad \eta\in(a,b).$$

将 $f(x)$在 $x=b$ 处做泰勒展开,有

$$f(x)=f(b)+f'(\xi)(x-b),\quad \xi\in(x,b).$$

两边同时在$[a,b]$上积分,得

$$\int_a^b f(x)\mathrm{d}x = \int_a^b f(b)\mathrm{d}x + \int_a^b f'(\xi)(x-b)\mathrm{d}x$$
$$= (b-a)f(b) + \int_a^b f'(\xi)(x-b)\mathrm{d}x,$$

由于 $x-b$ 在 $[a,b]$ 上不变号，并注意 $f'(\xi)$ 是 x 的函数，由积分中值定理得存在 $\eta\in(a,b)$，使

$$\int_a^b f'(\xi)(x-b)\mathrm{d}x = f'(\eta)\int_a^b (x-b)\mathrm{d}x = -\frac{f'(\eta)}{2}(b-a)^2,$$

从而

$$\int_a^b f(x)\mathrm{d}x = (b-a)f(b) - \frac{f'(\eta)}{2}(b-a)^2, \quad \eta\in(a,b).$$

假设 $f(x)$ 在 $[a,b]$ 上二次连续可微. 将 $f(x)$ 在 $x=\frac{a+b}{2}$ 处做泰勒展开，有

$$f(x) = f\left(\frac{a+b}{2}\right) + f'\left(\frac{a+b}{2}\right)\left(x-\frac{a+b}{2}\right) + \frac{1}{2}f''(\xi)\left(x-\frac{a+b}{2}\right)^2, \quad \xi\in(a,b),$$

注意到 $f''(\xi)$ 是 x 的函数，$\left(x-\frac{a+b}{2}\right)^2$ 在 $[a,b]$ 上非负，两边同时在 $[a,b]$ 上积分并利用积分中值定理，得

$$\int_a^b f(x)\mathrm{d}x = f\left(\frac{a+b}{2}\right)(b-a) + f'\left(\frac{a+b}{2}\right)\int_a^b\left(x-\frac{a+b}{2}\right)\mathrm{d}x$$
$$+\frac{1}{2}\int_a^b f''(\xi)\left(x-\frac{a+b}{2}\right)^2\mathrm{d}x$$
$$=(b-a)f\left(\frac{a+b}{2}\right) + \frac{1}{2}f''(\eta)\int_a^b\left(x-\frac{a+b}{2}\right)^2\mathrm{d}x$$
$$=(b-a)f\left(\frac{a+b}{2}\right) + \frac{1}{24}f''(\eta)(b-a)^3, \quad \eta\in(a,b).$$

6. 若用复合梯形公式计算积分 $\int_0^1 \mathrm{e}^x\mathrm{d}x$，问区间 $[0,1]$ 应分为多少等份才能使截断误差不超过 $\frac{1}{2}\times10^{-5}$？若改用复合辛普森公式，要达到同样精度区间 $[0,1]$ 应分为多少等份？

解 由于 $f(x)=\mathrm{e}^x$，则 $f''(x)=f^{(4)}(x)=\mathrm{e}^x$ 在 $[0,1]$ 上为单调增函数. $b-a=1$，设将区间 n 等份，则 $h=\frac{1}{n}$，故对复合梯形公式，要求

$$|R_T(f)| = \left|-\frac{b-a}{12}h^2 f''(\eta)\right| \leqslant \frac{1}{12}\left(\frac{1}{n}\right)^2\mathrm{e} \leqslant \frac{1}{2}\times10^{-5}, \quad \eta\in(0,1),$$

即 $n^2\geqslant\frac{\mathrm{e}}{6}\times10^5$，$n\geqslant212.85$，因此取 $n=213$，即将区间 $[0,1]$ 分为 213 等份时，用复合梯形公式计算，截断误差不超过 $\frac{1}{2}\times10^{-5}$.

若用复合辛普森公式，则要求

$$|R_S(f)| = \left|-\frac{b-a}{180}\left(\frac{h}{2}\right)^4 f^{(4)}(\eta)\right| \leqslant \frac{1}{180\times2^4}\left(\frac{1}{n}\right)^4\mathrm{e} \leqslant \frac{1}{2}\times10^{-5}, \quad \eta\in(0,1),$$

即 $n^4 \geqslant \frac{e}{144}\times 10^4$，$n\geqslant 3.7066$，因此取 $n=4$，即将区间 $[0,1]$ 分为 8 等份时，用复合辛普森公式计算，截断误差不超过 $\frac{1}{2}\times 10^{-5}$.

7. 如果 $f''(x)>0$，证明用梯形公式计算积分 $\int_a^b f(x)\mathrm{d}x$ 所得结果比准确值 I 大，并说明其几何意义.

证明　由梯形公式的余项

$$R_T(f)=-\frac{b-a}{12}h^2 f''(\eta),\quad \eta\in(a,b),$$

知若 $f''(x)>0$，则 $R_T(f)<0$，因而

$$I=\int_a^b f(x)\mathrm{d}x = T+R_T(f)<T,$$

即用梯形公式得到的结果比准确值大.

从几何上看，$f''(x)>0$，$f(x)$ 为下凸函数，曲线位于对应弦的下方，此时梯形面积大于曲边梯形的面积.

8. 用龙贝格求积方法计算下列积分，使误差不超过 10^{-5}.

(1) $\frac{2}{\sqrt{\pi}}\int_0^1 e^{-x}\mathrm{d}x$；

(2) $\int_0^{2\pi} x\sin x\mathrm{d}x$；

(3) $\int_0^3 x\sqrt{1+x^2}\mathrm{d}x$.

解　(1) 将计算结果列成下表：

k	h	$T_0^{(k)}$	$T_1^{(k)}$	$T_2^{(k)}$	$T_3^{(k)}$
0	1	0.771 743 3			
1	$\frac{1}{2}$	0.728 069 9	0.713 512 1		
2	$\frac{1}{4}$	0.716 982 8	0.713 287 0	0.713 272 0	
3	$\frac{1}{8}$	0.714 200 2	0.713 272 6	0.713 271 7	0.713 271 7

因此 $I\approx 0.713\,271\,7$.

(2) 计算结果如下表：

k	h	$T_0^{(k)}$	$T_1^{(k)}$
0	2π	$3.451\,313\,2\times 10^{-6}$	
1	π	$8.628\,283\,0\times 10^{-7}$	$-4.446\,923\,0\times 10^{-21}$

因此 $I\approx-4.4469230\times10^{-21}\approx0$.

(3) 计算结果如下表:

k	h	$T_0^{(k)}$	$T_1^{(k)}$	$T_2^{(k)}$	$T_3^{(k)}$	$T_4^{(k)}$	$T_5^{(k)}$
0	3	14.230 249 5					
1	$\frac{3}{2}$	11.171 369 9	10.151 743 4				
2	$\frac{3}{4}$	10.443 796 8	10.201 272 5	10.204 574 4			
3	$\frac{3}{8}$	10.266 367 2	10.207 224 0	10.207 620 7	10.207 669 1		
4	$\frac{3}{16}$	10.222 270 2	10.207 571 2	10.207 594 3	10.207 593 9	10.207 593 6	
5	$\frac{3}{32}$	10.211 260 7	10.207 590 9	10.207 592 2	10.207 592 2	10.207 592 2	10.207 592 2

因此 $I\approx10.2075922$.

9. 用辛普森公式的自适应积分计算 $\int_1^{1.5}x^2\ln x\,\mathrm{d}x$，允许误差 10^{-3}.

解 取 $h=b-a=1.5-1=0.5,\varepsilon=10^{-3}$,用辛普森公式计算

$$S_1(1,1.5)=\frac{0.5}{6}\times(1^2\times\ln1+4\times1.25^2\times\ln1.25+1.5^2\times\ln1.5)$$
$$=0.192245307,$$

取 $h=h/2=0.25$,计算

$$S(1,1.25)=\frac{0.25}{6}\times(1^2\times\ln1+4\times1.125^2\times\ln1.125+1.25^2\times\ln1.25)$$
$$=0.039372434$$
$$S(1.25,1.5)=\frac{0.25}{6}\times(1.25^2\times\ln1.25+4\times1.375^2\times\ln1.375+1.5^2\times\ln1.5)$$
$$=0.152886026$$

故

$$S_2(1,1.5)=S(1,1.25)+S(1.25,1.5)=0.19225846,$$

由于

$$|S_1(1,1.5)-S_2(1,1.5)|=1.3153\times10^{-5}<15\varepsilon,$$

所以积分值为 0.192 258 46.

10. 试构造高斯型求积公式

$$\int_0^1\frac{1}{\sqrt{x}}f(x)\mathrm{d}x\approx A_0f(x_0)+A_1f(x_1).$$

解 令公式对 $f(x)=1,x,x^2,x^3$ 准确成立,得

$$\begin{cases} A_0 + A_1 = 2, & (1) \\ x_0 A_0 + x_1 A_1 = \dfrac{2}{3}, & (2) \\ x_0^2 A_0 + x_1^2 A_1 = \dfrac{2}{5}, & (3) \\ x_0^3 A_0 + x_1^3 A_1 = \dfrac{2}{7}. & (4) \end{cases}$$

由于

$$x_0 A_0 + x_1 A_1 = x_0 (A_0 + A_1) + (x_1 - x_0) A_1,$$

利用方程(1),方程(2)可化为

$$2x_0 + (x_1 - x_0) A_1 = \frac{2}{3}. \tag{5}$$

同样,用方程(2)化方程(3),方程(3)化方程(4),分别得

$$\frac{2}{3} x_0 + (x_1 - x_0) x_1 A_1 = \frac{2}{5}, \tag{6}$$

$$\frac{2}{5} x_0 + (x_1 - x_0) x_1^2 A_1 = \frac{2}{7}. \tag{7}$$

用方程(5)消去方程(6)中的$(x_1 - x_0) A_1$,即将$(x_1 - x_0) A_1$ 用$\frac{2}{3} - 2x_0$ 代替,得

$$\frac{2}{3} x_0 + \left(\frac{2}{3} - 2x_0\right) x_1 = \frac{2}{5}, \tag{8}$$

用方程(6)消去方程(7)中的$(x_1 - x_0) x_1 A_1$,即将$(x_1 - x_0) x_1 A_1$ 用$\frac{2}{5} - \frac{2}{3} x_0$ 代替,得

$$\frac{2}{5} x_0 + \left(\frac{2}{5} - \frac{2}{3} x_0\right) x_1 = \frac{2}{7}. \tag{9}$$

整理方程(8)和方程(9),得

$$\begin{cases} \dfrac{2}{3}(x_0 + x_1) - 2x_0 x_1 = \dfrac{2}{5}, \\ \dfrac{2}{5}(x_0 + x_1) - \dfrac{2}{3} x_0 x_1 = \dfrac{2}{7}. \end{cases}$$

解得

$$\begin{cases} x_0 + x_1 = \dfrac{6}{7}, \\ x_0 x_1 = \dfrac{3}{35}. \end{cases}$$

从而(注意 $x_0 < x_1$)

$$x_0 = \frac{1}{7}\left(3 - 2\sqrt{\frac{6}{5}}\right), \quad x_1 = \frac{1}{7}\left(3 + 2\sqrt{\frac{6}{5}}\right),$$

代回方程(1)和方程(2)可得

$$A_0=1+\frac{1}{3}\sqrt{\frac{5}{6}},\quad A_1=1-\frac{1}{3}\sqrt{\frac{5}{6}}.$$

得求积公式为

$$\int_0^1\frac{1}{\sqrt{x}}f(x)\mathrm{d}x\approx\left(1+\frac{1}{3}\sqrt{\frac{5}{6}}\right)f\left(\frac{3}{7}-\frac{2}{7}\sqrt{\frac{6}{5}}\right)$$
$$+\left(1-\frac{1}{3}\sqrt{\frac{5}{6}}\right)f\left(\frac{3}{7}+\frac{2}{7}\sqrt{\frac{6}{5}}\right).$$

11. 用 $n=2,3$ 的高斯—勒让德公式计算积分 $\int_1^3 e^x\sin x\mathrm{d}x$.

解 作变换

$$x=\frac{3-1}{2}t+\frac{1+3}{2}=t+2,$$

则 $\mathrm{d}x=\mathrm{d}t$,故

$$\int_1^3 e^x\sin x\mathrm{d}x=\int_{-1}^1 e^{t+2}\sin(t+2)\mathrm{d}t=\int_{-1}^1 f(t)\mathrm{d}t,$$

其中 $f(t)=e^{t+2}\sin(t+2)$.

当 $n=2$ 时,利用高斯—勒让德求积公式得

$$\int_1^3 e^x\sin x\mathrm{d}x\approx 0.5555556\times[f(-0.7745967)+f(0.7745967)]$$
$$+0.8888889\times f(0)=10.9484026.$$

当 $n=3$ 时,利用高斯—勒让德求积公式得

$$\int_1^3 e^x\sin x\mathrm{d}x\approx 0.3478548\times[f(-0.8611363)+f(0.8611363)]$$
$$+0.6521452\times[f(-0.3399810)+f(0.3399810)]$$
$$=10.9501401.$$

12. 地球卫星轨道是一个椭圆,椭圆周长的计算公式是

$$S=4a\int_0^{\pi/2}\sqrt{1-\left(\frac{c}{a}\right)^2\sin^2\theta}\mathrm{d}\theta,$$

这里 a 是椭圆的半长轴,c 是地球中心与轨道中心(椭圆中心)的距离,记 h 为近地点距离,H 为远地点距离,$R=6371$(km)为地球半径,则

$$a=(2R+H+h)/2,\quad c=(H-h)/2.$$

我国第一颗人造地球卫星近地点距离 $h=439$(km),远地点距离 $H=2384$(km),试求卫星轨道的周长.

解 $a=(2R+H+h)/2=7782.5$,$c=(H-h)/2=972.5$,从而得被积函数为

$$f(\theta)=\sqrt{1-\left(\frac{972.5}{7782.5}\right)^2\sin^2\theta},$$

采用龙贝格算法计算积分 $\int_0^{\pi/2} f(\theta)\mathrm{d}\theta$，结果如下表：

k	$T_0^{(k)}$	$T_1^{(k)}$	$T_2^{(k)}$	$T_3^{(k)}$
0	1.564 640 3			
1	1.564 646 3	1.564 648 3		
2	1.564 646 3	1.564 646 3	1.564 646 2	
3	1.564 646 3	1.564 646 3	1.564 646 3	1.564 646 3

因为 $|T_3^{(0)}-T_2^{(0)}|=10^{-7}<\frac{1}{2}\times10^{-6}$，故积分已有 7 位有效数字，取 $I=1.564\,646\,3$，则

$$l=4aI\approx 48\,707.439\,319\ \text{km}.$$

13. 证明等式

$$n\sin\frac{\pi}{n}=\frac{\pi}{n}-\frac{\pi^3}{3!n^2}+\frac{\pi^5}{5!n^4}-\cdots$$

试依据 $n\sin(\pi/n)(n=3,6,12)$ 的值，用外推算法求 π 的近似值.

解　令 $f(n)=n\sin(\pi/n)$，由 $\sin x$ 在 $x=0$ 处的泰勒展开得

$$\begin{aligned}n\sin\frac{\pi}{n}&=n\left[\frac{\pi}{n}-\frac{1}{3!}\left(\frac{\pi}{n}\right)^3+\frac{1}{5!}\left(\frac{\pi}{n}\right)^5-\frac{1}{7!}\left(\frac{\pi}{n}\right)^7+\cdots\right]\\&=\pi-\frac{\pi^3}{3!n^2}+\frac{\pi^5}{5!n^4}-\frac{\pi^7}{7!n^6}+\cdots\\&=\pi\left[1-\frac{1}{3!}\left(\frac{\pi}{n}\right)^2+\frac{1}{5!}\left(\frac{\pi}{n}\right)^4-\frac{1}{7!}\left(\frac{\pi}{n}\right)^6+\cdots\right].\end{aligned}$$

若记 $T_n^{(0)}=n\sin\frac{\pi}{n}\approx\pi$，其误差为 $O\left(\left(\frac{\pi}{n}\right)^2\right)$.

由外推法，$T_n^{(1)}=\frac{1}{3}(4T_{2n}^{(0)}-T_n^{(0)})\approx\pi$，其误差为 $O\left(\left(\frac{\pi}{n}\right)^4\right)$.

$$T_n^{(2)}=\frac{1}{15}(16T_{2n}^{(1)}-T_n^{(1)})\approx\pi,$$

其误差为 $O\left(\left(\frac{\pi}{n}\right)^6\right)$.

将计算结果列表：

n	$T_n^{(0)}=n\sin\frac{\pi}{n}$	$T_n^{(1)}$	$T_n^{(2)}$
3	2.598 076 2		
6	3.000 000 0	3.133 974 6	
12	3.105 828 6	3.141 704 8	3.141 580 1

$\pi\approx3.141\,580\,1$ 即为所求.

14. 用下列方法计算积分 $\int_1^3 \frac{dy}{y}$，并比较结果.

(1) 龙贝格方法；

(2) 三点及五点高斯公式；

(3) 将积分区间分为四等份，用复合两点高斯公式.

解 (1) 计算结果列表

k	$T_0^{(k)}$	$T_1^{(k)}$	$T_2^{(k)}$	$T_3^{(k)}$	$T_4^{(k)}$
0	1.333 333 3				
1	1.166 666 67	1.111 111 1			
2	1.116 666 7	1.100 000 0	1.099 259 3		
3	1.103 210 7	1.098 725 3	1.098 640 3	1.098 630 5	
4	1.099 767 7	1.098 620 0	1.098 613 0	1.098 612 6	1.098 612 5

因此可取 $I=1.098\,612\,5$.

(2) 若使用高斯公式，先将积分区间变换到$[-1,1]$，作变换 $y=t+2$，则当 $y\in[1,3]$时，$t\in[-1,1]$且 $dy=dt$，$\int_1^3 \frac{dy}{y}=\int_{-1}^1 \frac{dt}{t+2}$.

三点高斯公式

$$\int_1^3 \frac{dy}{y}=\int_{-1}^1 \frac{dt}{t+2}\approx 0.555\,555\,6\times\left(\frac{1}{2-0.774\,596\,7}+\frac{1}{2+0.774\,596\,7}\right)$$
$$+0.888\,888\,9\times\frac{1}{2+0}=1.098\,039\,3.$$

五点高斯公式

$$\int_1^3 \frac{dy}{y}=\int_{-1}^1 \frac{dt}{t+2}\approx 0.236\,926\,9\times\left(\frac{1}{2-0.906\,179\,8}+\frac{1}{2+0.906\,179\,8}\right)$$
$$+0.478\,628\,9\times\left(\frac{1}{2-0.538\,469\,3}+\frac{1}{2+0.538\,469\,3}\right)$$
$$+0.568\,888\,9\times\frac{1}{2+0}=1.098\,609\,3.$$

(3) 将区间$[1,3]$四等份，在每个小区间上使用两点高斯公式，有

$$I_1=\int_1^{1.5}\frac{dy}{y}=\int_{-1}^1 \frac{0.5dt}{0.5t+2.5}$$
$$\approx 0.5\times\left[\frac{1}{2.5+0.5\times\left(-\frac{1}{\sqrt{3}}\right)}+\frac{1}{2.5+0.5\times\frac{1}{\sqrt{3}}}\right]$$
$$=0.405\,405\,4,$$

$$I_2=\int_{1.5}^2\frac{dy}{y}=\int_{-1}^1 \frac{0.5dt}{0.5t+3.5}$$

$$\approx 0.5\times\left(\frac{1}{3.5+0.5\times\left(-\frac{1}{\sqrt{3}}\right)}+\frac{1}{3.5+0.5\times\frac{1}{\sqrt{3}}}\right)$$

$$=0.2876712,$$

$$I_3=\int_2^{2.5}\frac{\mathrm{d}y}{y}=\int_{-1}^{1}\frac{0.5\mathrm{d}t}{0.5t+4.5}$$

$$\approx 0.5\times\left(\frac{1}{4.5+0.5\times\left(-\frac{1}{\sqrt{3}}\right)}+\frac{1}{4.5+0.5\times\frac{1}{\sqrt{3}}}\right)$$

$$=0.2231405,$$

$$I_4=\int_{2.5}^{3}\frac{\mathrm{d}y}{y}=\int_{-1}^{1}\frac{0.5\mathrm{d}t}{0.5t+5.5}$$

$$\approx 0.5\times\left(\frac{1}{5.5+0.5\times\left(-\frac{1}{\sqrt{3}}\right)}+\frac{1}{5.5+0.5\times\frac{1}{\sqrt{3}}}\right)$$

$$=0.1823204,$$

所以 $I=I_1+I_2+I_3+I_4\approx 1.0985376$.

15. 用 $n=2$ 的高斯—拉盖尔求积公式计算积分

$$\int_0^{+\infty}\frac{\mathrm{e}^{-x}}{1+\mathrm{e}^{-2x}}\mathrm{d}x.$$

解 $\int_0^{+\infty}\frac{\mathrm{e}^{-x}}{1+\mathrm{e}^{-2x}}\mathrm{d}x=\int_0^{+\infty}\mathrm{e}^{-x}f(x)\mathrm{d}x$,

这里 $f(x)=\frac{1}{1+\mathrm{e}^{-2x}}$.

利用 $n=2$ 的高斯—拉盖尔求积公式

$$\begin{aligned}\int_0^{+\infty}\mathrm{e}^{-x}f(x)\mathrm{d}x&\approx A_0f(x_0)+A_1f(x_1)+A_2f(x_2)\\&=0.711093010f(0.415774557)\\&\quad+0.278517734f(2.294280360)\\&\quad+0.010389257f(6.289945083)\\&=0.781509605.\end{aligned}$$

16. 用辛普森公式(取 $N=M=2$)计算二重积分 $\int_0^{0.5}\int_0^{0.5}\mathrm{e}^{y-x}\mathrm{d}y\mathrm{d}x$.

解 当 $N=M=2$ 时,$h=k=0.25$.

先对积分 $\int_0^{0.5}\mathrm{e}^{y-x}\mathrm{d}y$ 使用复合辛普森公式,得

$$\int_0^{0.5}\mathrm{e}^{y-x}\mathrm{d}y\approx\frac{0.25}{6}\left[\mathrm{e}^{0-x}+\mathrm{e}^{0.5-x}+2\mathrm{e}^{0.25-x}+4\mathrm{e}^{0.125-x}+4\mathrm{e}^{0.375-x}\right],$$

这样

$$\int_0^{0.5}\int_0^{0.5} e^{y-x}\,dy\,dx \approx \frac{0.25}{6}\left[\int_0^{0.5} e^{-x}\,dy + \int_0^{0.5} e^{0.5-x}\,dy + 2\int_0^{0.5} e^{0.25-x}\,dy + 4\int_0^{0.5} e^{0.125-x}\,dy + 4\int_0^{0.5} e^{0.375-x}\,dy\right]$$

$$= \frac{0.25}{6}\times\frac{0.25}{6}\times[e^0 + e^{-0.5} + 2e^{-0.25} + 4e^{-0.125} + 4e^{-0.375} + e^{0.5} + e^0 + 2e^{0.25} + 4e^{0.375} + 4e^{0.125} + 2e^{0.25} + 2e^{-0.25} + 4e^0 + 8e^{0.125} + 8e^{-0.125} + 4e^{0.125} + 4e^{-0.375} + 8e^{-0.125} + 16e^0 + 16e^{-0.25} + 4e^{0.375} + 4e^{-0.125} + 8e^{0.125} + 16e^{0.25} + 16e^0]$$

$$= 0.255\ 252\ 621.$$

17. 确定数值微分公式的截断误差表达式

$$f'(x_0) \approx \frac{1}{2h}[4f(x_0+h) - 3f(x_0) - f(x_0+2h)].$$

解 数值微分公式

$$f'(x_0) \approx \frac{1}{2h}[4f(x_0+h) - 3f(x_0) - f(x_0+2h)]$$

是由对过节点$(x_0,f(x_0))$,$(x_0+h,f(x_0+h))$及$(x_0+2h,f(x_0+2h))$的二次插值多项式$P_2(x)$求导而得到的.由于

$$f(x) = P_2(x) + \frac{f'''(\xi)}{3!}(x-x_0)(x-x_1)(x-x_2)$$

$$= P_2(x) + \frac{f'''(\xi)}{3!}w_3(x),\quad \xi\in(x_0,x_2),$$

其中 $x_i = x_0 + ih, i=0,1,2, P_2(x) = \frac{(x-x_1)(x-x_2)}{(x_0-x_1)(x_0-x_2)}f(x_0) + \frac{(x-x_0)(x-x_2)}{(x_1-x_0)(x_1-x_2)}f(x_1) + \frac{(x-x_0)(x-x_1)}{(x_2-x_0)(x_2-x_1)}f(x_2)$.

对 x 求导得

$$f'(x) = P_2'(x) + \frac{f'''(\xi)}{3!}w_3'(x) + \frac{w_3(x)}{3!}\frac{d}{dx}f'''(\xi),$$

取 $x=x_0$,得

$$f'(x_0) = P_2'(x_0) + \frac{f'''(\xi)}{3!}w_3'(x_0)$$

$$= \frac{1}{2h}[4f(x_0+h) - 3f(x_0) - f(x_0+2h)] + \frac{f'''(\xi)}{3}h^2.$$

从而得截断误差为$\frac{h^2}{3}f'''(\xi)$($\xi\in[x_0,x_0+2h]$).

18. 用三点公式求 $f(x) = \frac{1}{(1+x)^2}$在 $x=1.0,1.1$ 和 1.2 处的导数值,并估计误差. $f(x)$

的值由下表给出：

x	1.0	1.1	1.2
$f(x)$	0.250 0	0.226 8	0.206 6

解　三点求导公式为

$$f'(x_0) \approx \frac{1}{2h}[4f(x_1)-3f(x_0)-f(x_2)]+\frac{h^2}{3}f'''(\xi_0),$$

$$f'(x_1) \approx \frac{1}{2h}[f(x_2)-f(x_0)]-\frac{h^2}{6}f'''(\xi_1),$$

$$f'(x_2) \approx \frac{1}{2h}[f(x_0)-4f(x_1)+3f(x_2)]+\frac{h^2}{3}f'''(\xi_2),$$

取 $x_0=1.0, x_1=1.1, x_2=1.2$，得

$$f'(x_0) \approx -0.247,\quad f'(x_1) \approx -0.217,\quad f'(x_2) \approx -0.187.$$

由于 $|f'''(\xi_i)| \leqslant \max\limits_{1.0\leqslant x\leqslant 1.2}|f'''(x)| \leqslant \max\limits_{1.0\leqslant x\leqslant 1.2}\left|\frac{4!}{(1+x)^5}\right| = \frac{4!}{2^5}=0.75$，所以误差上限分别为 0.002 5，0.001 25，0.002 5.

第 5 章　解线性方程组的直接方法

复习与思考题解答

1. 用高斯消去法为什么要选主元？哪些方程组可以不选主元？

答　因为高斯消去过程中需要用主元素 $a_{kk}^{(k)}(k=1,2,\cdots,n-1)$ 作除数，所以如果出现 $a_{kk}^{(k)}=0$，那么消去过程将无法进行，而且即使主元素 $a_{kk}^{(k)}\neq 0$，但其值很小，那么如果用其值作除数，也会导致其他元素数量级的严重增长和舍入误差的扩散，最后导致计算解不可靠，因此用高斯消去法需要选主元.

当线性方程组的系数矩阵 $\boldsymbol{A}$ 正定对称时，高斯消去法不需要选主元.

2. 高斯消去法与 LU 分解有什么关系？用它们解线性方程组 $\boldsymbol{Ax}=\boldsymbol{b}$ 有何不同？$\boldsymbol{A}$ 要满足什么条件？

答　当不需要选主元时，高斯消去法实质上产生了一个将 $\boldsymbol{A}$ 分解为两个三角矩阵相乘的因式分解，即 LU 分解，$\boldsymbol{A}=\boldsymbol{LU}$，且这种分解是唯一的.

当需要进行选主元(列主元)时，高斯消去法相当于先对 $\boldsymbol{A}$ 进行一系列行交换，然后再进行一般的高斯消去法，即存在排列阵 $\boldsymbol{P}$，使 $\boldsymbol{PA}=\boldsymbol{LU}$.

能进行 LU 分解的条件是 $\boldsymbol{A}$ 非奇异.

3. 楚列斯基分解与 LU 分解相比，有什么优点？

答　当 $\boldsymbol{A}$ 为对称正定矩阵时，可以进行楚列斯基分解，与 LU 分解相比，楚列斯基分解具有数值稳定，计算量、存储量小的优点.

4. 哪种线性方程组可用平方根法求解？为什么说平方根法计算稳定？

答　当线性方程组 $\boldsymbol{Ax}=\boldsymbol{b}$ 的系数矩阵 $\boldsymbol{A}$ 为对称正定矩阵时，可以使用平方根法进行求解，由于在 $\boldsymbol{A}$ 的楚列斯基分解 $\boldsymbol{A}=\boldsymbol{LL}^{\mathrm{T}}$ 中满足

$$a_{jj}=\sum_{k=1}^{j}l_{jk}^2,\quad j=1,2,\cdots,n,$$

所以

$$l_{jk}^2\leqslant a_{jj}\leqslant\max_{1\leqslant j\leqslant n}\{a_{jj}\},$$

于是

$$\max_{j,k}\{l_{jk}^2\}\leqslant\max_{1\leqslant j\leqslant n}\{a_{jj}\},$$

即分解过程中元素 l_{jk} 的数量级不会增长且对角元素 l_{jj} 恒为正数，所以不选主元的平方根法是一个数值稳定的方法.

5. 什么样的线性方程组可用追赶法求解并能保证计算稳定？

答　当系数矩阵为对角占优的三对角矩阵时，可以用追赶法求解. 由追赶法的计算公式

可以看出计算过程不会出现中间结果数量级的巨大增长和舍人误差的严重积累，所以追赶法是数值稳定的.

6. 何谓向量范数？给出三种常用的向量范数.

答　如果向量 $\boldsymbol{x}\in\mathbb{R}^n$（或 $\boldsymbol{x}\in\mathbb{C}^n$）的某个实值函数 $N(\boldsymbol{x})=\|\boldsymbol{x}\|$，满足条件：

(1) $\|\boldsymbol{x}\|\geqslant 0$，且 $\|\boldsymbol{x}\|=0\Leftrightarrow\boldsymbol{x}=\boldsymbol{0}$；

(2) $\|\alpha\boldsymbol{x}\|=|\alpha|\cdot\|\boldsymbol{x}\|$，$\forall\alpha\in\mathbb{R}$（或 $\alpha\in\mathbb{C}$）；

(3) $\|\boldsymbol{x}+\boldsymbol{y}\|\leqslant\|\boldsymbol{x}\|+\|\boldsymbol{y}\|$，

则称 $N(\boldsymbol{x})$ 是 $\mathbb{R}^n$（或 $\mathbb{C}^n$）上的一个向量范数（或模）.

常用的向量范数有

$$\|\boldsymbol{x}\|_\infty=\max_{1\leqslant i\leqslant n}|x_i|\quad(\infty\text{-范数}),$$

$$\|\boldsymbol{x}\|_1=\sum_{i=1}^{n}|x_i|\quad(1\text{-范数}),$$

$$\|\boldsymbol{x}\|_2=\Big(\sum_{i=1}^{n}x_i^2\Big)^{1/2}\quad(2\text{-范数}).$$

7. 何谓矩阵范数？何谓矩阵的算子范数？给出矩阵 $\boldsymbol{A}=(a_{ij})$ 的三种范数 $\|\boldsymbol{A}\|_1$，$\|\boldsymbol{A}\|_2$，$\|\boldsymbol{A}\|_\infty$ · $\|\boldsymbol{A}\|_1$ 与 $\|\boldsymbol{A}\|_2$ 哪个更容易计算？为什么？

答　如果矩阵 $\boldsymbol{A}\in\mathbb{R}^{n\times n}$ 的某个非负值函数 $N(\boldsymbol{A})=\|\boldsymbol{A}\|$ 满足条件：

(1) $\|\boldsymbol{A}\|\geqslant 0$，且 $\|\boldsymbol{A}\|=0\Leftrightarrow\boldsymbol{A}=\boldsymbol{0}$；

(2) $\|c\boldsymbol{A}\|=|c|\cdot\|\boldsymbol{A}\|$，$c$ 为实数；

(3) $\|\boldsymbol{A}+\boldsymbol{B}\|\leqslant\|\boldsymbol{A}\|+\|\boldsymbol{B}\|$；

(4) $\|\boldsymbol{AB}\|\leqslant\|\boldsymbol{A}\|\cdot\|\boldsymbol{B}\|$，

则称 $N(\boldsymbol{A})$ 是 $\mathbb{R}^{n\times n}$ 上的一个矩阵范数.

设 $\boldsymbol{x}\in\mathbb{R}^n$，$\boldsymbol{A}\in\mathbb{R}^{n\times n}$，给出一种向量范数 $\|\boldsymbol{x}\|_v$，相应地定义一个矩阵的非负函数

$$\|\boldsymbol{A}\|_v=\max_{\boldsymbol{x}\neq\boldsymbol{0}}\frac{\|\boldsymbol{Ax}\|_v}{\|\boldsymbol{x}\|_v},$$

则 $\|\boldsymbol{A}\|_v$ 为 $\mathbb{R}^{n\times n}$ 上的一个矩阵范数，我们称 $\|\boldsymbol{A}\|_v$ 为 $\boldsymbol{A}$ 的算子范数，也称从属范数.

常用的矩阵范数有：

$$\|\boldsymbol{A}\|_1=\max_{1\leqslant j\leqslant n}\sum_{i=1}^{n}|a_{ij}|\quad(\text{称为}\ \boldsymbol{A}\ \text{的列范数}),$$

$$\|\boldsymbol{A}\|_2=\sqrt{\lambda_{\max}(\boldsymbol{A}^{\mathrm{T}}\boldsymbol{A})}\quad(\text{称为}\ \boldsymbol{A}\ \text{的 2-范数}),$$

$$\|\boldsymbol{A}\|_\infty=\max_{1\leqslant i\leqslant n}\sum_{j=1}^{n}|a_{ij}|\quad(\text{称为}\ \boldsymbol{A}\ \text{的行范数}).$$

与 $\|\boldsymbol{A}\|_2$ 相比，$\|\boldsymbol{A}\|_1$ 和 $\|\boldsymbol{A}\|_\infty$ 更容易计算，因为 $\|\boldsymbol{A}\|_2$ 需要求 $\boldsymbol{A}^{\mathrm{T}}\boldsymbol{A}$ 的按模最大的特征值，比较困难，而 $\|\boldsymbol{A}\|_1$ 和 $\|\boldsymbol{A}\|_\infty$ 则不然.

8. 什么是矩阵的条件数？如何判断线性方程组是病态的？

答　设 $\boldsymbol{A}$ 为非奇异矩阵，称数 $\mathrm{cond}(\boldsymbol{A})_v=\|\boldsymbol{A}^{-1}\|_v\|\boldsymbol{A}\|_v$ ($v=1,2$ 或 ∞) 为矩阵 $\boldsymbol{A}$ 的条

件数.

当 $\boldsymbol{A}$ 的条件数相对较大,即 $\mathrm{cond}(\boldsymbol{A})_v \gg 1$ 时,线性方程组 $\boldsymbol{Ax}=\boldsymbol{b}$ 是病态的. 当 $\boldsymbol{A}$ 的条件数相对较小时,线性方程组 $\boldsymbol{Ax}=\boldsymbol{b}$ 是良态的,$\boldsymbol{A}$ 的条件数越大,线性方程组的病态程度愈严重.

9. 满足下面哪个条件可判定矩阵接近奇异?

(1) 矩阵行列式的值很小.

(2) 矩阵的范数小.

(3) 矩阵的范数大.

(4) 矩阵的条件数小.

(5) 矩阵的元素绝对值小.

答 (1) 可以. 因为矩阵行列式的值等于矩阵特征值的乘积,而矩阵奇异则其有零特征值.

(2) 可以. 因为矩阵 $\boldsymbol{A}$ 的范数的大小与其任意特征值 λ 之间有关系式 $|\lambda| \leqslant \|\boldsymbol{A}\|$,因此矩阵的范数小,说明其特征值的模较小,接近奇异的程度高.

(3) 不可以. 由(2)知,此时关于特征值的范围很广.

(4) 不可以. 因为当矩阵的特征值很大时,其条件数也可能较小.

(5) 不可以. 因为矩阵的元素绝对值的大小与矩阵的特征值没有什么关系.

10. 判断下列命题是否正确:

(1) 只要矩阵 $\boldsymbol{A}$ 非奇异,则用顺序消去法或直接 LU 分解可求得线性方程组 $\boldsymbol{Ax}=\boldsymbol{b}$ 的解.

(2) 对称正定的线性方程组总是良态的.

(3) 一个单位下三角矩阵的逆仍为单位下三角矩阵.

(4) 如果 $\boldsymbol{A}$ 非奇异,则 $\boldsymbol{Ax}=\boldsymbol{b}$ 的解的个数是由右端向量 $\boldsymbol{b}$ 决定的.

(5) 如果三对角矩阵的主对角元素上有零元素,则矩阵必奇异.

(6) 范数为零的矩阵一定是零矩阵.

(7) 奇异矩阵的范数一定是零.

(8) 如果矩阵对称,则 $\|\boldsymbol{A}\|_1 = \|\boldsymbol{A}\|_\infty$.

(9) 如果线性方程组是良态的,则高斯消去法可以不选主元.

(10) 在求解非奇异性线性方程组时,即使系数矩阵病态,用列主元消去法产生的误差也很小.

(11) $\|\boldsymbol{A}\|_1 = \|\boldsymbol{A}^{\mathrm{T}}\|_\infty$.

(12) 若 $\boldsymbol{A}$ 是 $n\times n$ 的非奇异矩阵,则 $\mathrm{cond}(\boldsymbol{A})=\mathrm{cond}(\boldsymbol{A}^{-1})$.

答 (1) 错. 因为即使矩阵 $\boldsymbol{A}$ 非奇异,在用顺序消去法或直接 LU 分解的过程中可能出现零元素或接近于零的元素做除数的情况,使计算进行不下去或使数据失真.

(2) 错. 因为对称正定只能保持矩阵的特征值是正的,不能保证矩阵的条件数小.

(3) 对. 按逆矩阵的定义可以推得.

(4) 错. 因为如果 $\boldsymbol{A}$ 非奇异,则线性方程组 $\boldsymbol{Ax}=\boldsymbol{b}$ 的解是唯一的一个解,无论 $\boldsymbol{b}$ 如何取.

(5) 错. 因为矩阵奇异,只能说其某个特征值为零. 但矩阵的特征值是否为零与其对角元是否为零没有什么关系.

(6) 对. 这是范数的定义中要求的.

(7) 错. 因为存在许多奇异矩阵,其范数是非零的.

(8) 对. 这可由 $\|\boldsymbol{A}\|_1$ 和 $\|\boldsymbol{A}\|_\infty$ 的定义得出.

(9) 错. 线性方程组是良态的,则系数矩阵的条件数较小. 而高斯消去法可以不选主元,一般要求系数矩阵的顺序主子式都大于零. 而这与条件数的大小没有直接关联.

(10) 错. 系数矩阵的病态性是本质的,是用列主元等技术克服不了的.

(11) 对. 这可由 $\|\boldsymbol{A}\|_\infty$ 和 $\|\boldsymbol{A}^{\mathrm{T}}\|_\infty$ 的定义得出.

(12) 对. 这可由条件数的定义得出.

习题解答

1. 设 $\boldsymbol{A}$ 是对称矩阵且 $a_{11}\neq 0$,经过一步高斯消去法后,$\boldsymbol{A}$ 约化为

$$\begin{bmatrix} a_{11} & \boldsymbol{a}_1^{\mathrm{T}} \\ \boldsymbol{0} & \boldsymbol{A}_2 \end{bmatrix}$$

证明 $\boldsymbol{A}_2$ 是对称矩阵.

证明　由消元公式及 $\boldsymbol{A}$ 的对称性,有

$$a_{ij}^{(2)} = a_{ij} - \frac{a_{i1}}{a_{11}}a_{1j} = a_{ji} - \frac{a_{j1}}{a_{11}}a_{1i} = a_{ji}^{(2)},\quad i,j = 2,3,\cdots,n,$$

故 $\boldsymbol{A}_2$ 对称.

2. 设 $\boldsymbol{A}=(a_{ij})_n$ 是对称正定矩阵,经过高斯消去法一步后,$\boldsymbol{A}$ 约化为

$$\begin{bmatrix} a_{11} & \boldsymbol{a}_1^{\mathrm{T}} \\ \boldsymbol{0} & \boldsymbol{A}_2 \end{bmatrix}$$

其中 $\boldsymbol{A}_2=(a_{ij}^{(2)})_{n-1}$. 证明:

(1) $\boldsymbol{A}$ 的对角元素 $a_{ii}>0, i=1,2,\cdots,n$;

(2) $\boldsymbol{A}_2$ 是对称正定矩阵.

证明　(1) 因为 $\boldsymbol{A}$ 对称正定,所以

$$a_{ii} = (\boldsymbol{A}\boldsymbol{e}_i,\boldsymbol{e}_i) > 0,\quad i = 1,2,\cdots,n,$$

其中 $\boldsymbol{e}_i=(0,\cdots,0,\overset{i}{1},0,\cdots,0)^{\mathrm{T}}$ 为第 i 个单位向量.

(2) 由 $\boldsymbol{A}$ 的对称性及消元公式,有

$$a_{ij}^{(2)} = a_{ij} - \frac{a_{i1}}{a_{11}}a_{1j} = a_{ji} - \frac{a_{j1}}{a_{11}}a_{1i} = a_{ji}^{(2)},\quad i,j = 2,3,\cdots,n$$

故 $\boldsymbol{A}_2$ 也对称.

又由$\begin{bmatrix} a_{11} & \boldsymbol{a}_1^{\mathrm{T}} \\ \boldsymbol{0} & \boldsymbol{A}_2 \end{bmatrix}=\boldsymbol{L}_1\boldsymbol{A}$，其中

$$\boldsymbol{L}_1=\begin{bmatrix} 1 & & & \\ -\dfrac{a_{21}}{a_{11}} & 1 & & \\ \vdots & \vdots & \ddots & \\ -\dfrac{a_{n1}}{a_{11}} & 0 & \cdots & 1 \end{bmatrix}=\begin{bmatrix} 1 & \boldsymbol{0} \\ -\dfrac{\boldsymbol{a}_1}{a_{11}} & \boldsymbol{I}_{n-1} \end{bmatrix},$$

可见 $\boldsymbol{L}_1$ 非奇异，因而对任意 $\boldsymbol{x}\neq\boldsymbol{0}$，由 $\boldsymbol{A}$ 的正定性，有

$$\boldsymbol{L}_1^{\mathrm{T}}\boldsymbol{x}\neq\boldsymbol{0},\quad (\boldsymbol{x},\boldsymbol{L}_1\boldsymbol{A}\boldsymbol{L}_1^{\mathrm{T}}\boldsymbol{x})=(\boldsymbol{L}_1^{\mathrm{T}}\boldsymbol{x},\boldsymbol{A}\boldsymbol{L}_1^{\mathrm{T}}\boldsymbol{x})>0,$$

故 $\boldsymbol{L}_1\boldsymbol{A}\boldsymbol{L}_1^{\mathrm{T}}$ 正定.

由 $\boldsymbol{L}_1\boldsymbol{A}\boldsymbol{L}_1^{\mathrm{T}}=\begin{bmatrix} a_{11} & \boldsymbol{a}_1^{\mathrm{T}} \\ \boldsymbol{0} & \boldsymbol{A}_2 \end{bmatrix}\begin{bmatrix} 1 & -\dfrac{1}{a_{11}}\boldsymbol{a}_1^{\mathrm{T}} \\ \boldsymbol{0} & \boldsymbol{I}_{n-1} \end{bmatrix}=\begin{bmatrix} a_{11} & \boldsymbol{0} \\ \boldsymbol{0} & \boldsymbol{A}_2 \end{bmatrix}$，而 $a_{11}>0$，故知 $\boldsymbol{A}_2$ 正定.

3. 设 $\boldsymbol{L}_k$ 为指标为 k 的初等下三角矩阵(除第 k 列对角元以下元素外，$\boldsymbol{L}_k$ 和单位矩阵 $\boldsymbol{I}$ 相同)，即

$$\boldsymbol{L}_k=\begin{bmatrix} 1 & & & & & \\ & \ddots & & & & \\ & & 1 & & & \\ & & m_{k+1,k} & 1 & & \\ & & \vdots & & \ddots & \\ & & m_{n,k} & & & 1 \end{bmatrix}\begin{matrix} \\ \\ \\ \\ \\ \end{matrix}.$$

（第 k 列）

求证当 $i,j>k$ 时，$\widetilde{\boldsymbol{L}}_k=\boldsymbol{I}_{ij}\boldsymbol{L}_k\boldsymbol{I}_{ij}$ 也是一个指标为 k 的初等下三角矩阵，其中 $\boldsymbol{I}_{ij}$ 为初等置换矩阵.

证明 因为

$$\boldsymbol{L}_k=\begin{bmatrix} 1 & & & & & \\ & \ddots & & & & \\ & & 1 & & & \\ & & m_{k+1,k} & 1 & & \\ & & \vdots & & \ddots & \\ & & m_{n,k} & & & 1 \end{bmatrix},$$

（第 k 列）

$\boldsymbol{I}_{ij}$ 为初等置换矩阵，所以当 $i,j>k$ 时，交换 $\boldsymbol{L}_k$ 的第 i 行与第 j 行，得

$$
\boldsymbol{I}_{ij}\boldsymbol{L}_k = \begin{array}{c} k \\ \begin{bmatrix}
1 &&&&&&&& \\
& \ddots &&&&&&& \\
&& 1 &&&&&& \\
&& m_{k+1,k} & \ddots &&&&& \\
&& && 0 & \cdots & 1 && \\
&& \vdots && \vdots & \ddots & \vdots && \\
&& \vdots && 1 & \cdots & 0 && \\
&& \vdots &&&&& \ddots & \\
&& m_{n,k} &&&&&& 1
\end{bmatrix} \\ i \qquad j \end{array}
\begin{matrix} \\ \\ \\ \\ i \\ \\ j \\ \\ \\ \end{matrix},
$$

再交换 $\boldsymbol{I}_{ij}\boldsymbol{L}_k$ 的第 i 列与第 j 列，得

$$
\hat{\boldsymbol{L}}_k = \boldsymbol{I}_{ij}\boldsymbol{L}_k\boldsymbol{I}_{ij} = \begin{array}{c} k \\ \begin{bmatrix}
1 &&&& \\
& \ddots &&& \\
&& 1 && \\
&& m_{k+1,k} & 1 & \\
&& \vdots && \ddots \\
&& m_{n,k} &&& 1
\end{bmatrix} \end{array} = \boldsymbol{L}_k,
$$

故结论成立.

4. 试推导矩阵 $\boldsymbol{A}$ 的 Crout 分解 $\boldsymbol{A}=\boldsymbol{L}\boldsymbol{U}$ 的计算公式，其中 $\boldsymbol{L}$ 为下三角矩阵，$\boldsymbol{U}$ 为单位上三角矩阵.

解 设 $\boldsymbol{A}$ 的 Crout 分解为 $\boldsymbol{A}=\boldsymbol{L}\boldsymbol{U}$，即

$$
\boldsymbol{A} = \begin{bmatrix}
l_{11} &&& \\
l_{21} & l_{22} && \\
\vdots & \vdots & \ddots & \\
l_{n1} & l_{n2} & \cdots & l_{nn}
\end{bmatrix}
\begin{bmatrix}
1 & u_{12} & \cdots & u_{1n} \\
& 1 & \cdots & u_{2n} \\
&& \ddots & \vdots \\
&&& 1
\end{bmatrix},
$$

由矩阵乘法，知

$$
a_{i1} = l_{i1}, \quad i = 1,2,\cdots,n, \quad a_{1j} = l_{11}u_{1j}, \quad j = 2,3,\cdots,n,
$$

故

$$
l_{i1} = a_{i1}, \quad i = 1,2,\cdots,n, \quad u_{1j} = \frac{a_{1j}}{l_{11}}, \quad j = 2,3,\cdots,n.
$$

设已得到 $\boldsymbol{L}$ 的前 $k-1$ 列和 $\boldsymbol{U}$ 的前 $k-1$ 行，则

$$
a_{ik} = \sum_{s=1}^{n} l_{is}u_{sk} = \sum_{s=1}^{k} l_{is}u_{sk} = \sum_{s=1}^{k-1} l_{is}u_{sk} + l_{ik}, \quad i = k,k+1,\cdots,n,
$$

因而 $\boldsymbol{L}$ 的第 k 列

$$l_{ik}=a_{ik}-\sum_{s=1}^{k-1}l_{is}u_{sk},\quad i=k,k+1,\cdots,n.$$

又由

$$a_{kj}=\sum_{s=1}^{n}l_{ks}u_{sj}=\sum_{s=1}^{k}l_{ks}u_{sj}=\sum_{s=1}^{k-1}l_{ks}u_{sj}+l_{kk}u_{kj},\quad j=k+1,k+2,\cdots,n,$$

所以 $\boldsymbol{U}$ 的第 k 行

$$u_{kj}=\frac{a_{kj}-\sum\limits_{s=1}^{k-1}l_{ks}u_{sj}}{l_{kk}},\quad j=k+1,k+2,\cdots,n,$$

就此得到计算 Crout 分解的计算公式为

$$\begin{cases}l_{i1}=a_{i1}, & i=1,2,\cdots,n,\\ u_{1j}=\dfrac{a_{1j}}{l_{11}}, & j=2,3,\cdots,n,\\ l_{ik}=a_{ik}-\sum\limits_{s=1}^{k-1}l_{is}u_{sk}, & i=k,k+1,\cdots,n,\\ u_{kj}=\dfrac{a_{kj}-\sum\limits_{s=1}^{k-1}l_{ks}u_{sj}}{l_{kk}}, & j=k+1,k+2,\cdots,n.\end{cases}$$

5. 设 $\boldsymbol{Ux}=\boldsymbol{d}$,其中 $\boldsymbol{U}$ 为三角矩阵.

(1) 就 $\boldsymbol{U}$ 为上及下三角矩阵推导一般的求解公式,并写出算法.

(2) 计算解三角形方程组 $\boldsymbol{Ux}=\boldsymbol{d}$ 的乘除法次数.

(3) 设 $\boldsymbol{U}$ 为非奇异阵,试推导求 $\boldsymbol{U}^{-1}$ 的计算公式.

解 (1) 设 $\boldsymbol{U}$ 为上三角矩阵

$$\begin{bmatrix}u_{11} & u_{12} & \cdots & u_{1n}\\ & u_{22} & \cdots & u_{2n}\\ & & \ddots & \vdots\\ & & & u_{nn}\end{bmatrix}\begin{bmatrix}x_1\\x_2\\ \vdots\\x_n\end{bmatrix}=\begin{bmatrix}d_1\\d_2\\ \vdots\\d_n\end{bmatrix},$$

由 $u_{nn}x_n=d_n$,知 $x_n=\dfrac{d_n}{u_{nn}}$.

又 $u_{ii}x_i+\sum\limits_{j=i+1}^{n}u_{ij}x_j=d_i$,故

$$x_i=\frac{d_i-\sum\limits_{j=i+1}^{n}u_{ij}x_j}{u_{ii}},\quad i=n-1,n-2,\cdots,1.$$

当 $\boldsymbol{U}$ 为下三角矩阵时,有

$$\begin{bmatrix} u_{11} & & & \\ u_{21} & u_{22} & & \\ \vdots & \vdots & \ddots & \\ u_{n1} & u_{n2} & \cdots & u_{nn} \end{bmatrix}\begin{bmatrix} x_1 \\ x_2 \\ \vdots \\ x_n \end{bmatrix}=\begin{bmatrix} d_1 \\ d_2 \\ \vdots \\ d_n \end{bmatrix},$$

得

$$x_1=\frac{d_1}{u_{11}},\quad x_i=\frac{d_i-\sum\limits_{j=1}^{i-1}u_{ij}x_j}{u_{ii}},\quad i=2,3,\cdots,n.$$

(2) 除法次数为 n，乘法次数为 $1+2+\cdots+(n-1)=\frac{n(n-1)}{2}$，故总的乘除法次数为

$$n+\frac{n(n-1)}{2}=\frac{n(n+1)}{2}.$$

(3) 设 $\boldsymbol{U}$ 为上三角矩阵，$\boldsymbol{U}^{-1}=\boldsymbol{S}$，则 $\boldsymbol{S}$ 也是上三角矩阵. 由

$$\begin{bmatrix} u_{11} & u_{12} & \cdots & u_{1n} \\ & u_{22} & \cdots & u_{2n} \\ & & \ddots & \vdots \\ & & & u_{nn} \end{bmatrix}\begin{bmatrix} s_{11} & s_{12} & \cdots & s_{1n} \\ & s_{22} & \cdots & s_{2n} \\ & & \ddots & \vdots \\ & & & s_{nn} \end{bmatrix}=\begin{bmatrix} 1 & & & \\ & 1 & & \\ & & \ddots & \\ & & & 1 \end{bmatrix},$$

得

$$s_{ii}=\frac{1}{u_{ii}},\quad i=1,2,\cdots,n,$$

$$s_{ij}=-\frac{\sum\limits_{k=i+1}^{j}u_{ik}s_{kj}}{u_{ii}},\quad j=i+1,i+2,\cdots,n;i=n-1,n-2,\cdots,1.$$

当 $\boldsymbol{U}$ 为下三角矩阵时，有

$$\begin{bmatrix} u_{11} & & & \\ u_{21} & u_{22} & & \\ \vdots & \vdots & \ddots & \\ u_{n1} & u_{n2} & \cdots & u_{nn} \end{bmatrix}\begin{bmatrix} s_{11} & & & \\ s_{21} & s_{22} & & \\ \vdots & \vdots & \ddots & \\ s_{n1} & s_{n2} & \cdots & s_{nn} \end{bmatrix}=\begin{bmatrix} 1 & & & \\ & 1 & & \\ & & \ddots & \\ & & & 1 \end{bmatrix},$$

得

$$s_{ii}=\frac{1}{u_{ii}},\quad i=1,2,\cdots,n,$$

$$s_{ij}=-\frac{\sum\limits_{k=1}^{i-1}u_{ik}s_{kj}}{u_{ii}},\quad i=2,3,\cdots,n;j=1,2,\cdots,i-1.$$

6. 证明：(1) 如果 $\boldsymbol{A}$ 是对称正定矩阵，则 $\boldsymbol{A}^{-1}$ 也是对称正定矩阵；

(2) 如果 $\boldsymbol{A}$ 是对称正定矩阵，则 $\boldsymbol{A}$ 可唯一地写成 $\boldsymbol{A}=\boldsymbol{L}^{\mathrm{T}}\boldsymbol{L}$，其中 $\boldsymbol{L}$ 是具有正对角元的下三角矩阵.

证明 (1) 因 $\boldsymbol{A}$ 是对称正定矩阵，故其特征值 λ_i 皆大于 0，因此 $\boldsymbol{A}^{-1}$ 的特征值 λ_i^{-1} 也皆大于 0，故 $\boldsymbol{A}$ 是可逆的. 又

$$(\boldsymbol{A}^{-1})^{\mathrm{T}} = (\boldsymbol{A}^{\mathrm{T}})^{-1} = \boldsymbol{A}^{-1},$$

故 $\boldsymbol{A}^{-1}$ 也是对称正定矩阵.

(2) 由 $\boldsymbol{A}$ 对称正定，故它的所有顺序主子阵均不为零，从而有唯一的杜利特尔分解 $\boldsymbol{A}=\widetilde{\boldsymbol{L}}\boldsymbol{U}$. 又

$$\boldsymbol{U} = \begin{bmatrix} u_{11} & & & \\ & u_{22} & & \\ & & \ddots & \\ & & & u_{nn} \end{bmatrix} \begin{bmatrix} 1 & \dfrac{u_{12}}{u_{11}} & \cdots & \dfrac{u_{1n}}{u_{11}} \\ & 1 & \cdots & \dfrac{u_{2n}}{u_{22}} \\ & & \ddots & \vdots \\ & & & 1 \end{bmatrix} = \boldsymbol{D}\boldsymbol{U}_0,$$

其中 $\boldsymbol{D}$ 为对角矩阵，$\boldsymbol{U}_0$ 为单位上三角矩阵，于是

$$\boldsymbol{A} = \widetilde{\boldsymbol{L}}\boldsymbol{U} = \widetilde{\boldsymbol{L}}\boldsymbol{D}\boldsymbol{U}_0,$$

由 $\boldsymbol{A}$ 的对称性，得

$$\boldsymbol{A} = \boldsymbol{A}^{\mathrm{T}} = \boldsymbol{U}_0^{\mathrm{T}}\boldsymbol{D}\widetilde{\boldsymbol{L}}^{\mathrm{T}},$$

由分解的唯一性得

$$\boldsymbol{U}_0^{\mathrm{T}} = \widetilde{\boldsymbol{L}},$$

从而

$$\boldsymbol{A} = \widetilde{\boldsymbol{L}}\boldsymbol{D}\widetilde{\boldsymbol{L}}^{\mathrm{T}}.$$

由 $\boldsymbol{A}$ 的对称正定性，如果设 $D_i(i=1,2,\cdots,n)$ 表示 $\boldsymbol{A}$ 的各阶顺序主子式，则有

$$d_1 = D_1 > 0, \quad d_i = \frac{D_i}{D_{i-1}} > 0, \quad i = 2,3,\cdots,n,$$

故

$$\boldsymbol{D} = \begin{bmatrix} d_1 & & & \\ & d_2 & & \\ & & \ddots & \\ & & & d_n \end{bmatrix} = \begin{bmatrix} \sqrt{d_1} & & & \\ & \sqrt{d_2} & & \\ & & \ddots & \\ & & & \sqrt{d_n} \end{bmatrix} \begin{bmatrix} \sqrt{d_1} & & & \\ & \sqrt{d_2} & & \\ & & \ddots & \\ & & & \sqrt{d_n} \end{bmatrix}$$

$$= \boldsymbol{D}^{\frac{1}{2}}\boldsymbol{D}^{\frac{1}{2}},$$

因此

$$\boldsymbol{A} = \widetilde{\boldsymbol{L}}\boldsymbol{D}^{\frac{1}{2}}\boldsymbol{D}^{\frac{1}{2}}\widetilde{\boldsymbol{L}}^{\mathrm{T}} = \widetilde{\boldsymbol{L}}\boldsymbol{D}^{\frac{1}{2}}(\widetilde{\boldsymbol{L}}\boldsymbol{D}^{\frac{1}{2}})^{\mathrm{T}} = \boldsymbol{L}\boldsymbol{L}^{\mathrm{T}},$$

其中 $\boldsymbol{L}=\widetilde{\boldsymbol{L}}\boldsymbol{D}^{\frac{1}{2}}$ 为对角元素为正的下三角矩阵.

7. 用列主元消去法解线性方程组

$$\begin{cases}12x_1-3x_2+3x_3=15,\\-18x_1+3x_2-x_3=-15,\\x_1+x_2+x_3=6,\end{cases}$$

并求出系数矩阵 **A** 的行列式(即 det **A**)的值.

解

$$(\boldsymbol{A}\,\vdots\,\boldsymbol{b})\xrightarrow{r_1\leftrightarrow r_2}\begin{bmatrix}-18 & 3 & -1 & -15\\12 & -3 & 3 & 15\\1 & 1 & 1 & 6\end{bmatrix}\begin{matrix}m_{21}=-\dfrac{2}{3}\\ \\ m_{31}=-\dfrac{1}{18}\end{matrix}$$

$$\longrightarrow\begin{bmatrix}-18 & 3 & -1 & -15\\0 & -1 & 7/3 & 5\\0 & 7/6 & 17/18 & 31/6\end{bmatrix}m_{32}=-\frac{7}{6}$$

$$\longrightarrow\begin{bmatrix}-18 & 3 & -1 & -15\\0 & -1 & 7/3 & 5\\0 & 0 & 11/3 & 11\end{bmatrix}$$

所以解为 $x_3=3, x_2=2, x_1=1, \det \boldsymbol{A}=-66$.

8. 用直接三角分解(杜利特尔(Doolittle)分解)求线性方程组

$$\begin{cases}\dfrac{1}{4}x_1+\dfrac{1}{5}x_2+\dfrac{1}{6}x_3=9,\\\dfrac{1}{3}x_1+\dfrac{1}{4}x_2+\dfrac{1}{5}x_3=8,\\\dfrac{1}{2}x_1+x_2+2x_3=8\end{cases}$$

的解.

解 设

$$\boldsymbol{A}=\begin{bmatrix}\dfrac{1}{4} & \dfrac{1}{5} & \dfrac{1}{6}\\\dfrac{1}{3} & \dfrac{1}{4} & \dfrac{1}{5}\\\dfrac{1}{2} & 1 & 2\end{bmatrix}=\begin{bmatrix}1 & 0 & 0\\l_{21} & 1 & 0\\l_{31} & l_{32} & 1\end{bmatrix}\begin{bmatrix}u_{11} & u_{12} & u_{13}\\0 & u_{22} & u_{23}\\0 & 0 & u_{33}\end{bmatrix},$$

则由对应元素相等,有 $\frac{1}{4}=u_{11}, \frac{1}{3}=l_{21}u_{11}\Rightarrow l_{21}=\frac{4}{3}, \frac{1}{2}=l_{31}u_{11}\Rightarrow l_{31}=2$,

$$\frac{1}{5}=u_{12},\quad \frac{1}{4}=l_{21}u_{12}+u_{22}\Rightarrow u_{22}=-\frac{1}{60},\quad 1=l_{31}u_{12}+l_{32}u_{22}\Rightarrow l_{32}=-36,$$

$$\frac{1}{6}=u_{13},\quad \frac{1}{5}=l_{21}u_{13}+u_{23}\Rightarrow u_{23}=-\frac{1}{45},\quad 2=l_{31}u_{13}+l_{32}u_{23}+u_{33}\Rightarrow u_{33}=\frac{13}{15},$$

故 **A** 的杜利特尔分解为

$$A = LU = \begin{bmatrix} 1 & 0 & 0 \\ \frac{4}{3} & 1 & 0 \\ 2 & -36 & 1 \end{bmatrix} \begin{bmatrix} \frac{1}{4} & \frac{1}{5} & \frac{1}{6} \\ 0 & -\frac{1}{60} & -\frac{1}{45} \\ 0 & 0 & \frac{13}{15} \end{bmatrix},$$

解 $\boldsymbol{Ly}=\boldsymbol{b}$,得

$$y_1 = 9, \quad y_2 = -4, \quad y_3 = -154,$$

解 $\boldsymbol{Ux}=\boldsymbol{y}$,得

$$x_3 = -177.69, \quad x_2 = 476.92, \quad x_1 = -227.08.$$

9. 用追赶法解三对角方程组 $\boldsymbol{Ax}=\boldsymbol{b}$,其中

$$\boldsymbol{A} = \begin{bmatrix} 2 & -1 & 0 & 0 & 0 \\ -1 & 2 & -1 & 0 & 0 \\ 0 & -1 & 2 & -1 & 0 \\ 0 & 0 & -1 & 2 & -1 \\ 0 & 0 & 0 & -1 & 2 \end{bmatrix}, \quad \boldsymbol{b} = \begin{bmatrix} 1 \\ 0 \\ 0 \\ 0 \\ 0 \end{bmatrix}.$$

解 设 $\boldsymbol{A}$ 有分解

$$\begin{bmatrix} 2 & -1 & & & \\ -1 & 2 & -1 & & \\ & -1 & 2 & -1 & \\ & & -1 & 2 & -1 \\ & & & -1 & 2 \end{bmatrix} = \begin{bmatrix} \alpha_1 & & & & \\ -1 & \alpha_2 & & & \\ & -1 & \alpha_3 & & \\ & & -1 & \alpha_4 & \\ & & & -1 & \alpha_5 \end{bmatrix} \begin{bmatrix} 1 & \beta_1 & & & \\ & 1 & \beta_2 & & \\ & & 1 & \beta_3 & \\ & & & 1 & \beta_4 \\ & & & & 1 \end{bmatrix},$$

由公式

$$\begin{cases} b_1 = \alpha_1, & c_1 = \alpha_1\beta_1, \\ b_i = \alpha_i\beta_{i-1} + \alpha_i, & i = 2,3,4,5, \\ c_i = \alpha_i\beta_i, & i = 2,3,4, \end{cases}$$

其中 $b_i(i=1,2,\cdots,5)$,$c_i(i=1,2,\cdots,4)$分别是系数矩阵的主对角元素及其下边和上边的次对角线元素.

具体计算,可得

$$\alpha_1 = 2, \quad \alpha_2 = \frac{3}{2}, \quad \alpha_3 = \frac{4}{3}, \quad \alpha_4 = \frac{5}{4}, \quad \alpha_5 = \frac{6}{5},$$

$$\beta_1 = -\frac{1}{2}, \quad \beta_2 = -\frac{2}{3}, \quad \beta_3 = -\frac{3}{4}, \quad \beta_4 = -\frac{4}{5}.$$

由

$$\begin{bmatrix} 2 & & & & \\ -1 & \frac{3}{2} & & & \\ & -1 & \frac{4}{3} & & \\ & & -1 & \frac{5}{4} & \\ & & & -1 & \frac{6}{5} \end{bmatrix} \begin{bmatrix} y_1 \\ y_2 \\ y_3 \\ y_4 \\ y_5 \end{bmatrix} = \begin{bmatrix} 1 \\ 0 \\ 0 \\ 0 \\ 0 \end{bmatrix},$$

得 $y_1=\frac{1}{2},y_2=\frac{1}{3},y_3=\frac{1}{4},y_4=\frac{1}{5},y_5=\frac{1}{6}$；再由

$$\begin{bmatrix} 1 & -\frac{1}{2} & & & \\ & 1 & -\frac{2}{3} & & \\ & & 1 & -\frac{3}{4} & \\ & & & 1 & -\frac{4}{5} \\ & & & & 1 \end{bmatrix} \begin{bmatrix} x_1 \\ x_2 \\ x_3 \\ x_4 \\ x_5 \end{bmatrix} = \begin{bmatrix} \frac{1}{2} \\ \frac{1}{3} \\ \frac{1}{4} \\ \frac{1}{5} \\ \frac{1}{6} \end{bmatrix},$$

得 $x_5=\frac{1}{6},x_4=\frac{1}{3},x_3=\frac{1}{2},x_2=\frac{2}{3},x_1=\frac{5}{6}$.

10. 用改进的平方根法解线性方程组

$$\begin{bmatrix} 2 & -1 & 1 \\ -1 & -2 & 3 \\ 1 & 3 & 1 \end{bmatrix} \begin{bmatrix} x_1 \\ x_2 \\ x_3 \end{bmatrix} = \begin{bmatrix} 4 \\ 5 \\ 6 \end{bmatrix}.$$

解　设

$$\begin{bmatrix} 2 & -1 & 1 \\ -1 & -2 & 3 \\ 1 & 3 & 1 \end{bmatrix} = \begin{bmatrix} 1 & & \\ l_{21} & 1 & \\ l_{31} & l_{32} & 1 \end{bmatrix} \begin{bmatrix} d_1 & & \\ & d_2 & \\ & & d_3 \end{bmatrix} \begin{bmatrix} 1 & l_{21} & l_{31} \\ & 1 & l_{32} \\ & & 1 \end{bmatrix},$$

由矩阵乘法得

$$d_1=2,\quad l_{21}=-\frac{1}{2},\quad l_{31}=\frac{1}{2},\quad d_2=-\frac{5}{2},\quad l_{32}=-\frac{7}{5},\quad d_3=\frac{27}{5}.$$

解

$$\begin{bmatrix} 1 & & \\ -\frac{1}{2} & 1 & \\ \frac{1}{2} & -\frac{7}{5} & 1 \end{bmatrix} \begin{bmatrix} y_1 \\ y_2 \\ y_3 \end{bmatrix} = \begin{bmatrix} 4 \\ 5 \\ 6 \end{bmatrix},$$

得 $y_1=4, y_2=7, y_3=\dfrac{69}{5}$；再由

$$\begin{bmatrix}2 & & \\ & -\frac{5}{2} & \\ & & \frac{27}{5}\end{bmatrix}\begin{bmatrix}1 & -\frac{1}{2} & \frac{1}{2} \\ & 1 & -\frac{7}{5} \\ & & 1\end{bmatrix}\begin{bmatrix}x_1\\x_2\\x_3\end{bmatrix}=\begin{bmatrix}4\\7\\\frac{69}{5}\end{bmatrix},$$

得

$$\begin{bmatrix}1 & -\frac{1}{2} & \frac{1}{2} \\ & 1 & -\frac{7}{5} \\ & & 1\end{bmatrix}\begin{bmatrix}x_1\\x_2\\x_3\end{bmatrix}=\begin{bmatrix}2 & & \\ & -\frac{5}{2} & \\ & & \frac{27}{5}\end{bmatrix}^{-1}\begin{bmatrix}4\\7\\\frac{69}{5}\end{bmatrix}=\begin{bmatrix}2\\-\frac{14}{5}\\\frac{23}{9}\end{bmatrix},$$

所以

$$x_3=\frac{23}{9},\quad x_2=\frac{7}{9},\quad x_1=\frac{10}{9}.$$

11. 下述矩阵能否分解为 $\boldsymbol{LU}$(其中 $\boldsymbol{L}$ 为单位下三角矩阵，$\boldsymbol{U}$ 为上三角矩阵)？若能分解，那么分解是否唯一？

$$\boldsymbol{A}=\begin{bmatrix}1&2&3\\2&4&1\\4&6&7\end{bmatrix},\quad \boldsymbol{B}=\begin{bmatrix}1&1&1\\2&2&1\\3&3&1\end{bmatrix},\quad \boldsymbol{C}=\begin{bmatrix}1&2&6\\2&5&15\\6&15&46\end{bmatrix}.$$

解 $\boldsymbol{A}$ 中 $\Delta_2=0$，故不能分解. 但由于 $\det\boldsymbol{A}=-10\neq0$，所以若交换 $\boldsymbol{A}$ 的第 1 行与第 3 行，则可以分解且分解是唯一的.

在 $\boldsymbol{B}$ 中，$\Delta_2=\Delta_3=0$，故不能分解. 但 $\boldsymbol{B}$ 可以分解为

$$\boldsymbol{B}=\begin{bmatrix}1&&\\2&1&\\3&l_{32}&1\end{bmatrix}\begin{bmatrix}1&1&1\\0&0&-1\\0&0&u_{33}\end{bmatrix},$$

其中 l_{32}, u_{33} 为任意常数，且 $\boldsymbol{U}$ 奇异，故分解不唯一.

对于 $\boldsymbol{C}$，$\Delta_i\neq0(i=1,2,3)$，故 $\boldsymbol{C}$ 可分解且分解唯一.

$$\boldsymbol{C}=\begin{bmatrix}1&&\\2&1&\\6&3&1\end{bmatrix}\begin{bmatrix}1&2&6\\&1&3\\&&1\end{bmatrix}.$$

12. 设

$$\boldsymbol{A}=\begin{pmatrix}0.6&0.5\\0.1&0.3\end{pmatrix},$$

计算 $\boldsymbol{A}$ 的行范数，列范数，2-范数及 F-范数.

解
$$\|\boldsymbol{A}\|_\infty=\max_{1\leqslant i\leqslant n}\sum_{j=1}^{n}|a_{ij}|=1.1,$$

$$\|A\|_1=\max_{1\leqslant j\leqslant n}\sum_{i=1}^{n}|a_{ij}|=0.8,$$

$$\|A\|_F=\left(\sum_{i=1}^{n}a_{ij}^2\right)^{\frac{1}{2}}=0.842\,615.$$

因为

$$A^TA=\begin{pmatrix}0.6&0.1\\0.5&0.3\end{pmatrix}\begin{pmatrix}0.6&0.5\\0.1&0.3\end{pmatrix}=\begin{pmatrix}0.37&0.33\\0.33&0.34\end{pmatrix},$$

$$\lambda_{\max}(A^TA)=0.685\,340\,7,$$

所以 $\|A\|_2=\sqrt{\lambda_{\max}(A^TA)}=0.827\,853\,1.$

13. 求证:(1) $\|x\|_\infty\leqslant\|x\|_1\leqslant n\|x\|_\infty$;(2) $\frac{1}{\sqrt{n}}\|A\|_F\leqslant\|A\|_2\leqslant\|A\|_F$.

证明 (1) 由定义知

$$\|x\|_\infty=\max_{1\leqslant i\leqslant n}|x_i|\leqslant\sum_{i=1}^{n}|x_i|=\|x\|_1\leqslant\sum_{i=1}^{n}\max_{1\leqslant i\leqslant n}|x_i|$$

$$=\sum_{i=1}^{n}\|x\|_\infty=n\|x\|_\infty,$$

故 $\|x\|_\infty\leqslant\|x\|_1\leqslant n\|x\|_\infty$.

(2) 由范数定义,有

$$\|A\|_2^2=\lambda_{\max}(A^TA)\leqslant\lambda_1(A^TA)+\lambda_2(A^TA)+\cdots+\lambda_n(A^TA)$$

$$=\mathrm{tr}(A^TA)=\sum_{i=1}^{n}a_{i1}^2+\sum_{i=1}^{n}a_{i2}^2+\cdots+\sum_{i=1}^{n}a_{in}^2$$

$$=\sum_{i=1}^{n}\sum_{j=1}^{n}a_{ij}^2=\|A\|_F^2,$$

又

$$\|A\|_2^2=\lambda_{\max}(A^TA)\geqslant\frac{1}{n}[\lambda_1(A^TA)+\lambda_2(A^TA)+\cdots+\lambda_n(A^TA)]=\frac{1}{n}\|A\|_F^2,$$

所以 $\frac{1}{\sqrt{n}}\|A\|_F\leqslant\|A\|_2\leqslant\|A\|_F$.

14. 设 $P\in\mathbb{R}^{n\times n}$ 且非奇异,又 $\|x\|$ 设为 $\mathbb{R}^n$ 上一向量范数,定义

$$\|x\|_P=\|Px\|,$$

试证明 $\|x\|_P$ 是 $\mathbb{R}^n$ 上向量的一种范数.

证明 只需证明 $\|x\|_P$ 满足向量范数的三个条件.

(1) 因 P 非奇异,故对任意 $x\neq 0$,有 $Px\neq 0$,故 $\|x\|_P=\|Px\|\geqslant 0$,当且仅当 $x=0$ 时,有 $\|x\|_P=\|Px\|=0$.

(2) 对任意 $\alpha\in\mathbb{R}$,有

$$\|\alpha x\|_P=\|P\alpha x\|=|\alpha|\,\|Px\|=|\alpha|\,\|x\|_P.$$

(3) 对任意 $\boldsymbol{x},\boldsymbol{y}\in\mathbb{R}^n$，有

$$\|\boldsymbol{x}+\boldsymbol{y}\|_P=\|\boldsymbol{P}(\boldsymbol{x}+\boldsymbol{y})\|=\|\boldsymbol{Px}+\boldsymbol{Py}\|\leqslant\|\boldsymbol{Px}\|+\|\boldsymbol{Py}\|=\|\boldsymbol{x}\|_P+\|\boldsymbol{y}\|_P,$$

故 $\|\boldsymbol{x}\|_P$ 是$\mathbb{R}^n$上的向量范数.

15. 设 $\boldsymbol{A}$ 为对称正定矩阵，定义 $\|\boldsymbol{x}\|_A=(\boldsymbol{Ax},\boldsymbol{x})^{\frac{1}{2}}$，试证明 $\|\boldsymbol{x}\|_A$ 为$\mathbb{R}^n$上向量的一种范数.

证明 只需证明 $\|\boldsymbol{x}\|_A$ 满足向量范数的三个条件.

(1) 因 $\boldsymbol{A}$ 正定对称，故当 $\boldsymbol{x}=\boldsymbol{0}$ 时，$\|\boldsymbol{x}\|_A=(\boldsymbol{Ax},\boldsymbol{x})^{\frac{1}{2}}=0$；而当 $\boldsymbol{x}\neq\boldsymbol{0}$ 时，$\|\boldsymbol{x}\|_A=(\boldsymbol{Ax},\boldsymbol{x})^{\frac{1}{2}}>0$.

(2) 对任意 $\alpha\in\mathbb{R}$，有

$$\|\alpha\boldsymbol{x}\|_A=(\boldsymbol{A}\alpha\boldsymbol{x},\alpha\boldsymbol{x})^{\frac{1}{2}}=\sqrt{(\alpha\boldsymbol{x})^{\mathrm{T}}\boldsymbol{A}(\alpha\boldsymbol{x})}=|\alpha|\sqrt{\boldsymbol{x}^{\mathrm{T}}\boldsymbol{Ax}}=|\alpha|\ \|\boldsymbol{x}\|_A.$$

(3) 因 $\boldsymbol{A}$ 正定，故有分解 $\boldsymbol{A}=\boldsymbol{LL}^{\mathrm{T}}$，因而

$$\|\boldsymbol{x}\|_A=(\boldsymbol{x}^{\mathrm{T}}\boldsymbol{Ax})^{\frac{1}{2}}=(\boldsymbol{x}^{\mathrm{T}}\boldsymbol{LL}^{\mathrm{T}}\boldsymbol{x})^{\frac{1}{2}}=((\boldsymbol{L}^{\mathrm{T}}\boldsymbol{x})^{\mathrm{T}}(\boldsymbol{L}^{\mathrm{T}}\boldsymbol{x}))^{\frac{1}{2}}=\|\boldsymbol{L}^{\mathrm{T}}\boldsymbol{x}\|_2.$$

对任意 $\boldsymbol{x},\boldsymbol{y}\in\mathbb{R}^n$，由 $\|\cdot\|_2$ 的三角不等式有

$$\begin{aligned}\|\boldsymbol{x}+\boldsymbol{y}\|_A&=\|\boldsymbol{L}^{\mathrm{T}}(\boldsymbol{x}+\boldsymbol{y})\|_2=\|\boldsymbol{L}^{\mathrm{T}}\boldsymbol{x}+\boldsymbol{L}^{\mathrm{T}}\boldsymbol{y}\|_2\leqslant\|\boldsymbol{L}^{\mathrm{T}}\boldsymbol{x}\|_2+\|\boldsymbol{L}^{\mathrm{T}}\boldsymbol{y}\|_2\\&=\|\boldsymbol{x}\|_A+\|\boldsymbol{y}\|_A,\end{aligned}$$

故 $\|\boldsymbol{x}\|_A$ 是$\mathbb{R}^n$上的向量范数.

16. 设 $\boldsymbol{A}$ 为非奇异矩阵，求证

$$\frac{1}{\|\boldsymbol{A}^{-1}\|_\infty}=\min_{\boldsymbol{y}\neq\boldsymbol{0}}\frac{\|\boldsymbol{Ay}\|_\infty}{\|\boldsymbol{y}\|_\infty}.$$

证明 由矩阵范数的定义有 $\|\boldsymbol{A}^{-1}\|_\infty=\max\limits_{\boldsymbol{x}\neq\boldsymbol{0}}\dfrac{\|\boldsymbol{A}^{-1}\boldsymbol{x}\|_\infty}{\|\boldsymbol{x}\|_\infty}$.

设 $\boldsymbol{y}=\boldsymbol{A}^{-1}\boldsymbol{x}$，则

$$\|\boldsymbol{A}^{-1}\|_\infty=\max_{\boldsymbol{x}\neq\boldsymbol{0}}\frac{\|\boldsymbol{A}^{-1}\boldsymbol{x}\|_\infty}{\|\boldsymbol{x}\|_\infty}=\max_{\boldsymbol{y}\neq\boldsymbol{0}}\frac{\|\boldsymbol{y}\|_\infty}{\|\boldsymbol{Ay}\|_\infty}=\max_{\boldsymbol{y}\neq\boldsymbol{0}}\frac{1}{\dfrac{\|\boldsymbol{Ay}\|_\infty}{\|\boldsymbol{y}\|_\infty}},$$

故 $\dfrac{1}{\|\boldsymbol{A}^{-1}\|_\infty}=\min\limits_{\boldsymbol{y}\neq\boldsymbol{0}}\dfrac{\|\boldsymbol{Ay}\|_\infty}{\|\boldsymbol{y}\|_\infty}$.

17. 矩阵第一行乘以一数，成为

$$\boldsymbol{A}=\begin{pmatrix}2\lambda & \lambda\\ 1 & 1\end{pmatrix},$$

证明当 $\lambda=\pm\dfrac{2}{3}$ 时，$\mathrm{cond}(\boldsymbol{A})_\infty$ 有最小值.

证明 设 $\lambda\neq0$，则

$$\|\boldsymbol{A}\|_\infty=\begin{cases}3|\lambda|, & |\lambda|\geqslant\dfrac{2}{3},\\ 2, & |\lambda|<\dfrac{2}{3}.\end{cases}$$

又

$$A^{-1} = \frac{1}{\lambda}\begin{pmatrix} 1 & -\lambda \\ -1 & 2\lambda \end{pmatrix},$$

故

$$\| A^{-1} \|_\infty = \frac{2|\lambda|+1}{|\lambda|}.$$

于是

$$\mathrm{cond}(A)_\infty = \| A^{-1} \|_\infty \| A \|_\infty = \begin{cases} 6|\lambda|+3, & |\lambda| \geqslant \dfrac{2}{3}, \\ 2\left(2+\dfrac{1}{|\lambda|}\right), & |\lambda| < \dfrac{2}{3}, \end{cases}$$

从而当 $|\lambda| = \frac{2}{3}$，即 $\lambda = \pm\frac{2}{3}$ 时，$\mathrm{cond}(A)_\infty$ 有最小值.

18. 设

$$A = \begin{pmatrix} 100 & 99 \\ 99 & 98 \end{pmatrix},$$

计算 A 的条件数 $\mathrm{cond}(A)_v (v=2,\infty)$.

解　由 $A=\begin{pmatrix} 100 & 99 \\ 99 & 98 \end{pmatrix}$ 知，$A^{-1}=\begin{pmatrix} -98 & 99 \\ 99 & -100 \end{pmatrix}$，故 $\|A\|_\infty=199$，$\|A^{-1}\|_\infty=199$，

于是 $\mathrm{cond}(A)_\infty = \|A^{-1}\|_\infty \|A\|_\infty = 39\,601$.

又由于

$$A^{\mathrm{T}}A = \begin{pmatrix} 19\,801 & 19\,602 \\ 19\,602 & 19\,405 \end{pmatrix},$$

可以求得其特征值为 $\lambda_1 = 39\,205.999\,97$，$\lambda_2 = 0.000\,025\,506$. 于是得

$$\mathrm{cond}(A)_2 = \|A^{-1}\|_2 \|A\|_2 = \sqrt{\frac{\lambda_{\max}(A^{\mathrm{T}}A)}{\lambda_{\min}(A^{\mathrm{T}}A)}} = 39\,205.9954.$$

19. 证明：如果 A 是正交矩阵，则 $\mathrm{cond}(A)_2 = 1$.

证明　因 A 正交，故 $A^{\mathrm{T}}A = AA^{\mathrm{T}} = I$，$A^{-1} = A^{\mathrm{T}}$，从而

$$\|A\|_2 = \sqrt{\lambda_{\max}(A^{\mathrm{T}}A)} = \sqrt{\lambda_{\max}(I)} = 1,$$

$$\|A^{-1}\|_2 = \|A^{\mathrm{T}}\|_2 = \sqrt{\lambda_{\max}(AA^{\mathrm{T}})} = \sqrt{\lambda_{\max}(I)} = 1,$$

故 $\mathrm{cond}(A)_2 = \|A\|_2 \|A^{-1}\|_2 = 1$.

20. 设 $A, B \in \mathbb{R}^{n\times n}$，且 $\|\cdot\|$ 为 $\mathbb{R}^{n\times n}$ 上矩阵的算子范数，证明：

$$\mathrm{cond}(AB) \leqslant \mathrm{cond}(A)\mathrm{cond}(B).$$

证明　由矩阵范数的性质及条件数的定义有

$$\begin{aligned} \mathrm{cond}(AB) &= \|(AB)^{-1}\| \, \|AB\| \\ &\leqslant \|A^{-1}\| \, \|B^{-1}\| \, \|A\| \, \|B\| \\ &\leqslant \|A^{-1}\| \, \|A\| \, \|B^{-1}\| \, \|B\| \end{aligned}$$

$$=\mathrm{cond}(\boldsymbol{A})\mathrm{cond}(\boldsymbol{B}).$$

21. 设 $\boldsymbol{Ax}=\boldsymbol{b}$,其中 $\boldsymbol{A}\in\mathbb{R}^{n\times n}$ 为非奇异矩阵,证明:

(1) $\boldsymbol{A}^{\mathrm{T}}\boldsymbol{A}$ 为对称正定矩阵;

(2) $\mathrm{cond}(\boldsymbol{A}^{\mathrm{T}}\boldsymbol{A})_2=(\mathrm{cond}(\boldsymbol{A})_2)^2$.

证明 (1) 由于

$$(\boldsymbol{A}^{\mathrm{T}}\boldsymbol{A})^{\mathrm{T}}=\boldsymbol{A}^{\mathrm{T}}(\boldsymbol{A}^{\mathrm{T}})^{\mathrm{T}}=\boldsymbol{A}^{\mathrm{T}}\boldsymbol{A},$$

所以 $\boldsymbol{A}^{\mathrm{T}}\boldsymbol{A}$ 为对称矩阵.

又 $\boldsymbol{A}$ 非奇异,故对任意向量 $\boldsymbol{x}\neq\boldsymbol{0}$,有 $\boldsymbol{Ax}\neq\boldsymbol{0}$,从而

$$\boldsymbol{x}^{\mathrm{T}}\boldsymbol{A}^{\mathrm{T}}\boldsymbol{Ax}=(\boldsymbol{Ax})^{\mathrm{T}}(\boldsymbol{Ax})>0,$$

所以 $\boldsymbol{A}^{\mathrm{T}}\boldsymbol{A}$ 为对称正定矩阵.

(2)

$$\begin{aligned}
\mathrm{cond}(\boldsymbol{A}^{\mathrm{T}}\boldsymbol{A})_2&=\|(\boldsymbol{A}^{\mathrm{T}}\boldsymbol{A})^{-1}\|_2\|\boldsymbol{A}^{\mathrm{T}}\boldsymbol{A}\|_2\\
&=\sqrt{\lambda_{\max}(((\boldsymbol{A}^{\mathrm{T}}\boldsymbol{A})^{-1})^{\mathrm{T}}(\boldsymbol{A}^{\mathrm{T}}\boldsymbol{A})^{-1})}\sqrt{\lambda_{\max}((\boldsymbol{A}^{\mathrm{T}}\boldsymbol{A})^{\mathrm{T}}(\boldsymbol{A}^{\mathrm{T}}\boldsymbol{A}))}\\
&=\sqrt{\lambda_{\max}((\boldsymbol{A}^{\mathrm{T}}\boldsymbol{A})^{-1})^2}\sqrt{\lambda_{\max}(\boldsymbol{A}^{\mathrm{T}}\boldsymbol{A})^2}\\
&=\sqrt{\lambda_{\max}^2(\boldsymbol{A}^{\mathrm{T}}\boldsymbol{A})^{-1}}\sqrt{\lambda_{\max}^2(\boldsymbol{A}^{\mathrm{T}}\boldsymbol{A})}\\
&=\left[\sqrt{\lambda_{\max}(\boldsymbol{A}^{\mathrm{T}}\boldsymbol{A})^{-1}}\right]^2\left[\sqrt{\lambda_{\max}(\boldsymbol{A}^{\mathrm{T}}\boldsymbol{A})}\right]^2\\
&=\|\boldsymbol{A}^{-1}\|_2^2\|\boldsymbol{A}\|_2^2=(\mathrm{cond}(\boldsymbol{A})_2)^2.
\end{aligned}$$

第6章　解线性方程组的迭代法

复习与思考题解答

1. 写出求解线性方程组 $\boldsymbol{Ax}=\boldsymbol{b}$ 的迭代法的一般形式，并给出它收敛的充分必要条件.

答　求解线性方程组 $\boldsymbol{Ax}=\boldsymbol{b}$ 的迭代法的一般形式为

$$\boldsymbol{x}^{(k+1)}=\boldsymbol{Bx}^{(k)}+\boldsymbol{f},\quad k=0,1,2,\cdots,$$

迭代收敛的充分必要条件是 $\rho(\boldsymbol{B})<1$.

2. 给出迭代法 $\boldsymbol{x}^{(k+1)}=\boldsymbol{Bx}^{(k)}+\boldsymbol{f}$ 收敛的充分条件、误差估计及其收敛速度.

答　对于迭代法 $\boldsymbol{x}^{(k+1)}=\boldsymbol{Bx}^{(k)}+\boldsymbol{f}$，如果 $\boldsymbol{B}$ 的某种算子范数 $\|\boldsymbol{B}\|=q<1$，则迭代法收敛，且有误差估计

$$\|\boldsymbol{x}^{*}-\boldsymbol{x}^{(k)}\|\leqslant q^{k}\|\boldsymbol{x}^{*}-\boldsymbol{x}^{(0)}\|,$$

$$\|\boldsymbol{x}^{*}-\boldsymbol{x}^{(k)}\|\leqslant \frac{q}{1-q}\|\boldsymbol{x}^{(k)}-\boldsymbol{x}^{(k-1)}\|,$$

$$\|\boldsymbol{x}^{*}-\boldsymbol{x}^{(k)}\|\leqslant \frac{q^{k}}{1-q}\|\boldsymbol{x}^{(1)}-\boldsymbol{x}^{(0)}\|,$$

迭代法的收敛速度 $R(\boldsymbol{B})=-\ln\rho(\boldsymbol{B})$.

3. 什么是矩阵 $\boldsymbol{A}$ 的分裂？由 $\boldsymbol{A}$ 的分裂构造解 $\boldsymbol{Ax}=\boldsymbol{b}$ 的迭代法，给出雅可比迭代矩阵与高斯—塞德尔迭代矩阵.

答　称 $\boldsymbol{A}=\boldsymbol{M}-\boldsymbol{N}$（其中 $\det\boldsymbol{M}\neq0$）为 $\boldsymbol{A}$ 的一个分裂，利用 $\boldsymbol{A}$ 的分裂 $\boldsymbol{A}=\boldsymbol{M}-\boldsymbol{N}$ 可以构造迭代法 $\boldsymbol{x}^{(k+1)}=\boldsymbol{M}^{-1}\boldsymbol{N}x^{(k)}+\boldsymbol{M}^{-1}\boldsymbol{b}$，$k=0,1,2,\cdots$.

若将 $\boldsymbol{A}$ 分裂为 $\boldsymbol{A}=\boldsymbol{D}-\boldsymbol{L}-\boldsymbol{U}$，其中

$$\boldsymbol{D}=\begin{bmatrix} a_{11} & & & \\ & a_{22} & & \\ & & \ddots & \\ & & & a_{nn}\end{bmatrix},$$

$$\boldsymbol{L}=\begin{bmatrix} 0 & & & & \\ -a_{21} & 0 & & & \\ \vdots & & \ddots & & \\ -a_{n-1,1} & -a_{n-1,2} & \cdots & 0 & \\ -a_{n1} & -a_{n2} & \cdots & -a_{n,n-1} & 0\end{bmatrix},$$

$$U=\begin{bmatrix}0 & -a_{12} & \cdots & -a_{1,n-1} & -a_{1n}\\ & 0 & \cdots & -a_{2,n-1} & -a_{2n}\\ & & \ddots & \vdots & \vdots\\ & & & 0 & -a_{n-1,n}\\ & & & & 0\end{bmatrix},$$

则雅可比迭代法的迭代矩阵为 $\boldsymbol{B}_J=\boldsymbol{D}^{-1}(\boldsymbol{L}+\boldsymbol{U})$，高斯—塞德尔迭代法的迭代矩阵为 $\boldsymbol{B}_S=(\boldsymbol{D}-\boldsymbol{L})^{-1}\boldsymbol{U}$.

4. 写出解线性方程组 $\boldsymbol{Ax}=\boldsymbol{b}$ 的雅可比迭代法与高斯—塞德尔迭代法的计算公式. 它们的基本区别是什么？

答 雅可比迭代法的计算公式为

$$\boldsymbol{x}^{(0)}=(x_1^{(0)},x_2^{(0)},\cdots,x_n^{(0)})^{\mathrm{T}},$$

$$x_i^{(k+1)}=\Big(b_i-\sum_{\substack{j=1\\ j\neq i}}^{n}a_{ij}x_j^{(k)}\Big)\Big/a_{ii},\quad i=1,2,\cdots,n;k=0,1,\cdots.$$

高斯—塞德尔迭代法的计算公式为

$$\boldsymbol{x}^{(0)}=(x_1^{(0)},x_2^{(0)},\cdots,x_n^{(0)})^{\mathrm{T}},$$

$$x_i^{(k+1)}=\Big(b_i-\sum_{j=1}^{i-1}a_{ij}x_j^{(k+1)}-\sum_{j=i+1}^{n}a_{ij}x_j^{(k)}\Big)\Big/a_{ii},\quad i=1,2,\cdots,n;k=0,1,\cdots.$$

两种迭代法的基本区别在于雅可比迭代在计算 $x_i^{(k+1)}$ 时没有使用变量的最新信息，而高斯—塞德尔迭代在计算 $\boldsymbol{x}^{(k+1)}$ 的第 i 个变量 $x_i^{(k+1)}$ 时，利用了已经计算出的最新分量 $x_j^{(k+1)}(j=1,2,\cdots,i-1)$，所以高斯—塞德尔迭代法可以看作是雅可比迭代法的一种改进.

5. 何谓矩阵 $\boldsymbol{A}$ 严格对角占优？何谓 $\boldsymbol{A}$ 不可约？

答 设 $\boldsymbol{A}=(a_{ij})_{n\times n}$，如果 $\boldsymbol{A}$ 的元素满足

$$|a_{ii}|>\sum_{\substack{j=1\\ j\neq i}}^{n}|a_{ij}|,\quad i=1,2,\cdots,n,$$

则称 $\boldsymbol{A}$ 为严格对角占优矩阵.

当 $n\geqslant 2$ 时，如果存在置换矩阵 $\boldsymbol{P}$，使

$$\boldsymbol{P}^{\mathrm{T}}\boldsymbol{AP}=\begin{bmatrix}\boldsymbol{A}_{11} & \boldsymbol{A}_{12}\\ \boldsymbol{0} & \boldsymbol{A}_{22}\end{bmatrix},$$

其中 $\boldsymbol{A}_{11}$ 为 r 阶方阵，$\boldsymbol{A}_{22}$ 为 $n-r$ 阶方阵$(1\leqslant r<n)$，则称 $\boldsymbol{A}$ 为可约矩阵. 否则，如果不存在这样的置换矩阵 $\boldsymbol{P}$ 使上式成立，则称 $\boldsymbol{A}$ 为不可约矩阵.

6. 给出解线性方程组的 SOR 迭代法计算公式，其松弛参数 ω 范围一般是多少？$\boldsymbol{A}$ 为对称正定三对角矩阵时最优松弛参数 $\omega_{opt}=$？

答 求解线性方程组 $\boldsymbol{Ax}=\boldsymbol{b}$ 的 SOR 方法的计算公式为

$$\boldsymbol{x}^{(0)}=(x_1^{(0)},x_2^{(0)},\cdots,x_n^{(0)})^{\mathrm{T}},$$

$$x_i^{(k+1)}=x_i^{(k)}+\omega\Big(b_i-\sum_{j=1}^{i-1}a_{ij}x_j^{(k+1)}-\sum_{j=i+1}^{n}a_{ij}x_j^{(k)}\Big)\Big/a_{ii},\quad i=1,2,\cdots,n;k-0,1,\cdots.$$

松弛因子 ω 的范围一般为 $0<\omega<2$，只有在这个范围内取松弛因子 ω，SOR 方法才可能收敛.

当 $\boldsymbol{A}$ 为对称正定三对角矩阵时，最优松弛参数

$$\omega_{opt}=\frac{2}{1+\sqrt{1-(\rho(\boldsymbol{J}))^2}},$$

其中 $\rho(\boldsymbol{J})$ 为解 $\boldsymbol{Ax}=\boldsymbol{b}$ 的雅可比迭代法迭代矩阵的谱半径.

7. 将雅可比迭代、高斯—塞德尔迭代和具有最优松弛参数的 SOR 迭代，按收敛快慢排列.

答 雅可比迭代、高斯—塞德尔迭代和具有最优松弛参数的 SOR 迭代的收敛速度从慢到快依次为：雅可比迭代、高斯—塞德尔迭代、具有最优松弛参数的 SOR 迭代.

8. 什么是解对称正定方程组 $\boldsymbol{Ax}=\boldsymbol{b}$ 的最速下降法和共轭梯度法？

答 从 $\boldsymbol{x}^{(0)}$ 出发，令

$$\boldsymbol{x}^{(k+1)}=\boldsymbol{x}^{(k)}+\alpha_k\boldsymbol{p}^{(k)},\quad k=0,1,2,\cdots,$$

若取

$$\boldsymbol{p}^{(k)}=\boldsymbol{r}^{(k)}=\boldsymbol{b}-\boldsymbol{Ax}^{(k)},$$

$$\alpha_k=\frac{(\boldsymbol{r}^{(k)},\boldsymbol{r}^{(k)})}{(\boldsymbol{Ar}^{(k)},\boldsymbol{r}^{(k)})},$$

则由此得到的向量序列 $\{\boldsymbol{x}^{(k)}\}$ 称为解线性方程组的最速下降法.

若在选择搜索方向 $\boldsymbol{p}^{(0)},\boldsymbol{p}^{(1)},\cdots$ 时，不再沿着 $\boldsymbol{r}^{(0)},\boldsymbol{r}^{(1)},\cdots$ 的方向，而是按 $\boldsymbol{p}^{(0)},\boldsymbol{p}^{(1)},\cdots$ 为 $\boldsymbol{A}$-共轭的方向，即满足

$$(\boldsymbol{Ap}^{(i)},\boldsymbol{p}^{(j)})=0,\quad i,j=0,1,\cdots,$$

则得到共轭梯度法(CG 方法). CG 方法的计算公式为：

(1) 任取 $\boldsymbol{x}^{(0)}\in\mathbb{R}^n$，计算 $\boldsymbol{r}^{(0)}=\boldsymbol{b}-\boldsymbol{Ax}^{(0)}$，取 $\boldsymbol{p}^{(0)}=\boldsymbol{r}^{(0)}$，

(2) 对 $k=0,1,\cdots$，计算

$$\alpha_k=\frac{(\boldsymbol{r}^{(k)},\boldsymbol{r}^{(k)})}{(\boldsymbol{p}^{(k)},\boldsymbol{Ap}^{(k)})},$$

$$\boldsymbol{x}^{(k+1)}=\boldsymbol{x}^{(k)}+\alpha_k\boldsymbol{p}^{(k)},$$

$$\boldsymbol{r}^{(k+1)}=\boldsymbol{r}^{(k)}-\alpha_k\boldsymbol{Ap}^{(k)},$$

$$\beta_k=\frac{(\boldsymbol{r}^{(k+1)},\boldsymbol{r}^{(k+1)})}{(\boldsymbol{r}^{(k)},\boldsymbol{r}^{(k)})},$$

$$\boldsymbol{p}^{(k+1)}=\boldsymbol{r}^{(k+1)}+\beta_k\boldsymbol{p}^{(k)}.$$

9. 为什么共轭梯度法原则上是一种直接法？但在实际计算中又将它作为迭代法？

答 在共轭梯度法中，由于 $\{\boldsymbol{r}^{(k)}\}$ 互相正交，所以在 $\boldsymbol{r}^{(0)},\boldsymbol{r}^{(1)},\cdots,\boldsymbol{r}^{(n)}$ 中至少有一个零向量，若 $\boldsymbol{r}^{(k)}=\boldsymbol{0}$，则 $\boldsymbol{x}^{(k)}=\boldsymbol{x}^*$，因而共轭梯度法求解 n 维线性方程组理论上最多 n 步可求得精确解，从这个意义上讲，CG 算法是一种直接法.

但在实际计算中，由于舍入误差的存在，很难保证 $\{\boldsymbol{r}^{(k)}\}$ 的正交性. 另外当 n 很大时，往往在实际计算步数 $k\ll n$ 时即可达到精度要求而不必计算 n 步，所以实际计算中往往将 CG 算法

作为迭代法.

10. 判断下列命题是否正确.

(1) 雅可比迭代与高斯—塞德尔迭代同时收敛且后者比前者收敛快.

(2) 高斯—塞德尔迭代是 SOR 迭代的特殊情形.

(3) $\boldsymbol{A}$ 对称正定则 SOR 迭代一定收敛.

(4) $\boldsymbol{A}$ 为严格对角占优或不可约对角占优,则解线性方程组 $\boldsymbol{Ax}=\boldsymbol{b}$ 的雅可比迭代与高斯—塞德尔迭代均收敛.

(5) $\boldsymbol{A}$ 对称正定则雅可比迭代与高斯—塞德尔迭代都收敛.

(6) SOR 迭代法收敛,则松弛参数 $0<\omega<2$.

(7) 泊松方程边值问题的模型问题(见例 10),其五点差分格式为 $\boldsymbol{Au}=\boldsymbol{b}$,则 $\boldsymbol{A}$ 每行非零元素不超过 5.

(8) 求对称正定方程组 $\boldsymbol{Ax}=\boldsymbol{b}$ 的解等价于求二次函数 $\varphi(\boldsymbol{x})=\dfrac{1}{2}(\boldsymbol{Ax},\boldsymbol{x})-(\boldsymbol{b},\boldsymbol{x})$ 的最小点.

(9) 求 $\boldsymbol{Ax}=\boldsymbol{b}$ 的最速下降法是收敛最快的方法.

(10) 解 $\boldsymbol{Ax}=\boldsymbol{b}$ 的共轭梯度法,若 $\boldsymbol{A}\in\mathbb{R}^{n\times n}$,则最多计算 n 步则有 $\boldsymbol{r}^{(n)}=\boldsymbol{b}-\boldsymbol{Ax}^{(n)}=\boldsymbol{0}$.

答 (1) 错. 因为有这样的线性方程组,对其使用雅可比迭代不收敛,而对其使用高斯—塞德尔迭代收敛. 还有这样的线性方程组,对其使用雅可比迭代收敛,而对其使用高斯—塞德尔迭代不收敛.

(2) 对. 高斯—塞德尔迭代是 $\omega=1$ 时的 SOR 迭代.

(3) 错. 在 $\boldsymbol{A}$ 对称正定,且 $0<\omega<2$ 的条件下,才能保证 SOR 迭代收敛.

(4) 对. 这是教材中一个定理的结论.

(5) 错. $\boldsymbol{A}$ 对称正定可以保证高斯—塞德尔迭代收敛,但不能保证雅可比迭代收敛. 若要雅可比迭代收敛,还要加上条件 $2\boldsymbol{D}-\boldsymbol{A}$ 也为对称正定矩阵.

(6) 对. 这是教材中一个定理的结论.

(7) 对. 这可以由所生成的矩阵 $\boldsymbol{A}$ 看出.

(8) 对. 因为矩阵 $\boldsymbol{A}$ 对称正定时,二次函数 $\varphi(\boldsymbol{x})=\dfrac{1}{2}(\boldsymbol{Ax},\boldsymbol{x})-(\boldsymbol{b},\boldsymbol{x})$ 有唯一的最小点,且此最小点就是方程组 $\boldsymbol{Ax}=\boldsymbol{b}$ 的解. 反之,方程组 $\boldsymbol{Ax}=\boldsymbol{b}$ 的解使 $\varphi(x)$ 达到最小.

(9) 错. 因为共轭梯度法一般收敛更快.

(10) 对. 因为从本质上讲,共轭梯度法是一种直接方法,一定在 n 步内求得解.

习 题 解 答

1. 设线性方程组

$$\begin{cases}5x_1+2x_2+x_3=-12,\\-x_1+4x_2+2x_3=20,\\2x_1-3x_2+10x_3=3.\end{cases}$$

(1) 考察用雅可比迭代法，高斯—塞德尔迭代法解此方程组的收敛性；

(2) 用雅可比迭代法及高斯—塞德尔迭代法解此方程组，要求当 $\| \boldsymbol{x}^{(k+1)} - \boldsymbol{x}^{(k)} \|_\infty < 10^{-4}$ 时迭代终止.

解　(1) 因系数矩阵严格对角占优，故雅可比迭代、高斯—塞德尔迭代均收敛.

(2) 雅可比迭代格式为

$$\begin{cases} x_1^{(k+1)} = -\dfrac{2}{5}x_2^{(k)} - \dfrac{1}{5}x_3^{(k)} - \dfrac{12}{5}, \\ x_2^{(k+1)} = \dfrac{1}{4}x_1^{(k)} - \dfrac{1}{2}x_3^{(k)} + 5, \\ x_3^{(k+1)} = -\dfrac{1}{5}x_1^{(k)} + \dfrac{3}{10}x_2^{(k)} + \dfrac{3}{10}. \end{cases}$$

取 $\boldsymbol{x}^{(0)} = (1,1,1)^{\mathrm{T}}$，则迭代 17 次可达到精度要求，即

$$\boldsymbol{x}^{(17)} = (-4.000\,018\,6, 2.999\,991\,5, 2.000\,001\,2)^{\mathrm{T}}.$$

高斯—塞德尔迭代格式为

$$\begin{cases} x_1^{(k+1)} = -\dfrac{2}{5}x_2^{(k)} - \dfrac{1}{5}x_3^{(k)} - \dfrac{12}{5}, \\ x_2^{(k+1)} = \dfrac{1}{4}x_1^{(k+1)} - \dfrac{1}{2}x_3^{(k)} + 5, \\ x_3^{(k+1)} = -\dfrac{1}{5}x_1^{(k+1)} + \dfrac{3}{10}x_2^{(k+1)} + \dfrac{3}{10}. \end{cases}$$

取 $\boldsymbol{x}^{(0)} = (1,1,1)^{\mathrm{T}}$，则迭代 8 次可达到精度要求，即

$$\boldsymbol{x}^{(8)} = (-4.000\,018\,6, 2.999\,991\,5, 2.000\,001\,2)^{\mathrm{T}}.$$

2. 设线性方程组

$$(1)\begin{cases} x_1 + 0.4x_2 + 0.4x_3 = 1, \\ 0.4x_1 + x_2 + 0.8x_3 = 2, \\ 0.4x_1 + 0.8x_2 + x_3 = 3; \end{cases} \qquad (2)\begin{cases} x_1 + 2x_2 - 2x_3 = 1, \\ x_1 + x_2 + x_3 = 1, \\ 2x_1 + 2x_2 + x_3 = 1. \end{cases}$$

试考察解此线性方程组的雅可比迭代法及高斯—塞德尔迭代法的收敛性.

解　(1) 雅可比迭代法的迭代矩阵

$$\boldsymbol{B}_{\mathrm{J}} = \boldsymbol{D}^{-1}(\boldsymbol{L} + \boldsymbol{U}) = \begin{pmatrix} 0 & -0.4 & -0.4 \\ -0.4 & 0 & -0.8 \\ -0.4 & -0.8 & 0 \end{pmatrix},$$

$$|\lambda \boldsymbol{I} - \boldsymbol{B}_{\mathrm{J}}| = (\lambda - 0.8)(\lambda^2 + 0.8\lambda - 0.32),$$

$\rho(\boldsymbol{B}_{\mathrm{J}}) = 1.092\,820\,3 > 1$，所以雅可比迭代法不收敛.

高斯—塞德尔迭代法的迭代矩阵

$$\boldsymbol{B}_{\mathrm{S}} = (\boldsymbol{D} - \boldsymbol{L})^{-1}\boldsymbol{U} = \begin{pmatrix} 0 & -0.4 & -0.4 \\ 0 & 0.16 & -0.64 \\ 0 & 0.032 & 0.672 \end{pmatrix},$$

$\rho(\boldsymbol{B}_S)\leqslant\|\boldsymbol{B}_S\|_\infty=0.8<1$，故高斯—塞德尔迭代法收敛.

（2）雅可比迭代法的迭代矩阵

$$\boldsymbol{B}_J=\boldsymbol{D}^{-1}(\boldsymbol{L}+\boldsymbol{U})=\begin{pmatrix}0&-2&2\\-1&0&-1\\-2&-2&0\end{pmatrix},$$

$|\lambda\boldsymbol{I}-\boldsymbol{B}_J|=\lambda^3$，$\rho(\boldsymbol{B}_J)=0<1$，所以雅可比迭代法收敛.

高斯—塞德尔迭代法的迭代矩阵

$$\boldsymbol{B}_S=(\boldsymbol{D}-\boldsymbol{L})^{-1}\boldsymbol{U}=\begin{pmatrix}0&-2&2\\0&2&-3\\0&0&2\end{pmatrix},$$

$|\lambda\boldsymbol{I}-\boldsymbol{B}_S|=\lambda(\lambda-2)^2$，$\rho(\boldsymbol{B}_S)=2>1$，故高斯—塞德尔迭代法不收敛.

3. 设线性方程组

$$\begin{cases}a_{11}x_1+a_{12}x_2=b_1,\\a_{21}x_1+a_{22}x_2=b_2,\end{cases}\quad a_{11},a_{12}\neq0.$$

证明解此方程组的雅可比迭代法与高斯—塞德尔迭代法同时收敛或发散. 并求两种方法收敛速度之比.

证明 雅可比迭代法的迭代矩阵

$$\boldsymbol{B}_J=\begin{bmatrix}0&-\dfrac{a_{12}}{a_{11}}\\-\dfrac{a_{21}}{a_{22}}&0\end{bmatrix},$$

其特征值为$\pm\sqrt{\left|\dfrac{a_{12}a_{21}}{a_{11}a_{22}}\right|}$，谱半径 $\rho(\boldsymbol{B}_J)=\sqrt{\left|\dfrac{a_{12}a_{21}}{a_{11}a_{22}}\right|}$. 当$\left|\dfrac{a_{12}a_{21}}{a_{11}a_{22}}\right|<1$ 时雅可比迭代法收敛.

高斯—塞德尔迭代法的迭代矩阵

$$\boldsymbol{B}_S=\begin{bmatrix}0&-\dfrac{a_{12}}{a_{11}}\\0&\dfrac{a_{12}a_{21}}{a_{11}a_{22}}\end{bmatrix},$$

其特征值为 $0,\dfrac{a_{12}a_{21}}{a_{11}a_{22}}$，谱半径 $\rho(\boldsymbol{B}_J)=\left|\dfrac{a_{12}a_{21}}{a_{11}a_{22}}\right|$. 当$\left|\dfrac{a_{12}a_{21}}{a_{11}a_{22}}\right|<1$ 时高斯—塞德尔迭代法收敛.

所以雅可比迭代法与高斯—塞德尔迭代法同时收敛或发散.

对于雅可比迭代，有$-\ln\rho(\boldsymbol{B}_J)=-\dfrac{1}{2}\ln\left|\dfrac{a_{12}a_{21}}{a_{11}a_{22}}\right|$；而对于高斯—塞德尔迭代，有$-\ln\rho(\boldsymbol{B}_S)=-\ln\left|\dfrac{a_{12}a_{21}}{a_{11}a_{22}}\right|$. 所以雅可比迭代和高斯—塞德尔迭代的收敛速度之比为 1∶2.

4. 设 $\boldsymbol{A}=\begin{pmatrix}10&a&0\\b&10&b\\0&a&5\end{pmatrix}$，$\det\boldsymbol{A}\neq0$，用 a,b 表示解线性方程组 $\boldsymbol{Ax}=\boldsymbol{f}$ 的雅可比迭代与高

斯—塞德尔迭代收敛的充分必要条件.

解　雅可比迭代法的迭代矩阵

$$\boldsymbol{B}_{\mathrm{J}}=\begin{pmatrix}10 & & \\ & 10 & \\ & & 10\end{pmatrix}^{-1}\begin{pmatrix}0 & -a & 0\\ -b & 0 & -b\\ 0 & -a & 0\end{pmatrix}=\begin{pmatrix}0 & -\dfrac{a}{10} & 0\\ -\dfrac{b}{10} & 0 & -\dfrac{b}{10}\\ 0 & -\dfrac{a}{5} & 0\end{pmatrix},$$

$$|\lambda\boldsymbol{I}-\boldsymbol{B}_{\mathrm{J}}|=\lambda\left(\lambda^2-\frac{3ab}{100}\right),\quad \rho(\boldsymbol{B}_{\mathrm{J}})=\frac{\sqrt{3\,|ab|}}{10}.$$

雅可比迭代法收敛的充分必要条件是$|ab|<\dfrac{100}{3}$.

高斯—塞德尔迭代法的迭代矩阵

$$\boldsymbol{B}_{\mathrm{S}}=\begin{pmatrix}10 & & \\ b & 10 & \\ 0 & a & 10\end{pmatrix}^{-1}\begin{pmatrix}0 & -a & 0\\ 0 & 0 & -b\\ 0 & 0 & 0\end{pmatrix}=\begin{pmatrix}0 & -\dfrac{a}{10} & 0\\ 0 & \dfrac{ab}{100} & -\dfrac{b}{10}\\ 0 & -\dfrac{a^2b}{500} & \dfrac{ab}{50}\end{pmatrix},$$

$$|\lambda\boldsymbol{I}-\boldsymbol{B}_{\mathrm{S}}|=\lambda^2\left(\lambda-\frac{3ab}{100}\right),\quad \rho(\boldsymbol{B}_{\mathrm{S}})=\frac{3\,|ab|}{100}.$$

高斯—塞德尔迭代法收敛的充分必要条件是$|ab|<\dfrac{100}{3}$.

5. 对线性方程组$\begin{pmatrix}3 & 2\\ 1 & 2\end{pmatrix}\begin{pmatrix}x_1\\ x_2\end{pmatrix}=\begin{pmatrix}3\\ -1\end{pmatrix}$，若用迭代法

$$\boldsymbol{x}^{(k+1)}=\boldsymbol{x}^{(k)}+\alpha(\boldsymbol{A}\boldsymbol{x}^{(k)}-\boldsymbol{b}),\quad k=0,1,\cdots$$

求解，问α在什么范围内取值可使迭代收敛，α取什么值可使迭代收敛最快？

解　迭代公式可以写成

$$\boldsymbol{x}^{(k+1)}=(\boldsymbol{I}+\alpha\boldsymbol{A})\boldsymbol{x}^{(k)}-\alpha\boldsymbol{b},$$

迭代矩阵为$\boldsymbol{B}=\boldsymbol{I}+\alpha\boldsymbol{A}$. 由

$$|\lambda\boldsymbol{I}-\boldsymbol{A}|=\begin{vmatrix}\lambda-3 & -2\\ -1 & \lambda-2\end{vmatrix}=\lambda^2-5\lambda+4=(\lambda-1)(\lambda-4),$$

故矩阵$\boldsymbol{A}$的特征值为 1 和 4，所以矩阵$\boldsymbol{B}$的特征值为$1+\alpha$和$1+4\alpha$，因而

$$\rho(\boldsymbol{B})=\max\{|1+\alpha|,|1+4\alpha|\}.$$

这样

$$\rho(\boldsymbol{B})<1\Leftrightarrow\begin{cases}|1+\alpha|<1\\ |1+4\alpha|<1\end{cases}\Leftrightarrow-\frac{1}{2}<\alpha<0,$$

所以当$-\dfrac{1}{2}<\alpha<0$时迭代收敛.

通过 $y=|1+\alpha|$ 和 $y=|1+4\alpha|$ 的图像(见题 5 图)可以得到当 $\alpha=-\dfrac{2}{5}$ 时,

$$\rho(\boldsymbol{B})=\max\{|1+\alpha|,|1+4\alpha|\}$$

达到最小值 $\dfrac{3}{5}$,故 $\alpha=-\dfrac{2}{5}$ 时收敛最快.

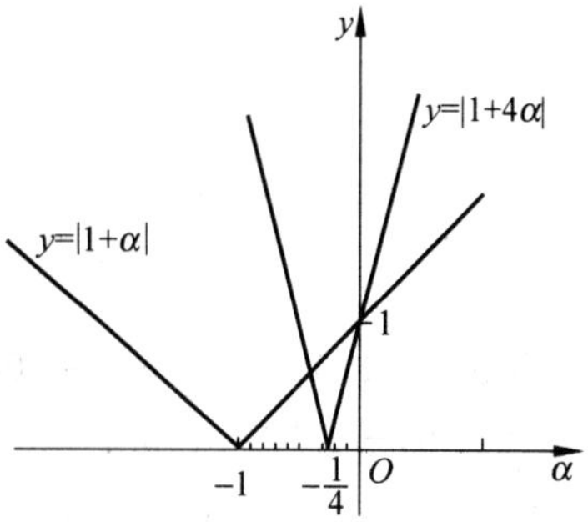

题 5 图

6. 用雅可比迭代与高斯—塞德尔迭代解线性方程组 $\boldsymbol{Ax}=\boldsymbol{b}$,证明若取 $\boldsymbol{A}=\begin{pmatrix}3&0&-2\\0&2&1\\-2&1&2\end{pmatrix}$,则两种方法均收敛,试比较哪种方法收敛快?

解　雅可比迭代法的迭代矩阵

$$\boldsymbol{B}_{\mathrm{J}}=\boldsymbol{D}^{-1}(\boldsymbol{L}+\boldsymbol{U})=\begin{pmatrix}0&0&\frac{2}{3}\\0&0&-\frac{1}{2}\\1&-\frac{1}{2}&0\end{pmatrix},\quad \rho(\boldsymbol{B}_{\mathrm{J}})=\sqrt{\frac{11}{12}}<1,$$

故雅可比迭代法收敛.

高斯—塞德尔迭代法的迭代矩阵

$$\boldsymbol{B}_{\mathrm{S}}=(\boldsymbol{D}-\boldsymbol{L})^{-1}\boldsymbol{U}=\begin{pmatrix}3&0&0\\0&2&0\\-2&1&2\end{pmatrix}^{-1}\begin{pmatrix}0&0&2\\0&0&-1\\0&0&0\end{pmatrix}=\begin{pmatrix}0&0&\frac{2}{3}\\0&0&-\frac{1}{2}\\0&0&\frac{11}{12}\end{pmatrix},\quad \rho(\boldsymbol{B}_{\mathrm{S}})=\frac{11}{12}<1,$$

故高斯—塞德尔迭代法收敛.

因 $\rho(\boldsymbol{B}_{\mathrm{S}})=\dfrac{11}{12}<\sqrt{\dfrac{11}{12}}=\rho(\boldsymbol{B}_{\mathrm{J}})$,故高斯—塞德尔迭代法收敛快.

7. 用 SOR 方法解线性方程组(分别取松弛因子 $\omega=1.03,\omega=1,\omega=1.1$)

$$\begin{cases}4x_1-x_2=1,\\-x_1+4x_2-x_3=4,\\-x_2+4x_3=-3.\end{cases}$$

精确解 $\boldsymbol{x}^*=\left(\dfrac{1}{2},1,-\dfrac{1}{2}\right)^{\mathrm{T}}$. 要求当 $\|\boldsymbol{x}^*-\boldsymbol{x}^{(k)}\|<5\times10^{-6}$ 时迭代终止,并且对每一个 ω 值确定迭代次数.

解　SOR 方法迭代公式为

$$\begin{cases} x_1^{(k+1)} = x_1^{(k)} + \omega\left(\dfrac{1}{4} - x_1^{(k)} + \dfrac{1}{4}x_2^{(k)}\right), \\ x_2^{(k+1)} = x_2^{(k)} + \omega\left(1 + \dfrac{1}{4}x_1^{(k+1)} - x_2^{(k)} + \dfrac{1}{4}x_3^{(k)}\right), \\ x_3^{(k+1)} = x_3^{(k)} + \omega\left(-\dfrac{3}{4} + \dfrac{1}{4}x_2^{(k+1)} - x_3^{(k)}\right). \end{cases}$$

当取 $\omega=1.03$，初值 $\boldsymbol{x}^{(0)}=(0,0,0)^{\mathrm{T}}$ 时，迭代 5 次可达到精度要求，$\boldsymbol{x}^{(5)}=(0.500\,004\,4, 1.000\,001\,6, -4.999\,997)^{\mathrm{T}}$.

当取 $\omega=1$，初值 $\boldsymbol{x}^{(0)}=(0,0,0)^{\mathrm{T}}$ 时，迭代 6 次可达到精度要求，$\boldsymbol{x}^{(6)}=(0.500\,003\,8, 1.000\,001\,9, -4.999\,995)^{\mathrm{T}}$.

当取 $\omega=1.1$，初值 $\boldsymbol{x}^{(0)}=(0,0,0)^{\mathrm{T}}$ 时，迭代 6 次可达到精度要求，$\boldsymbol{x}^{(6)}=(0.500\,003\,6, 0.999\,998\,5, -0.500\,000\,0)^{\mathrm{T}}$.

8. 用 SOR 方法解线性方程组(取 $\omega=0.9$)

$$\begin{cases} 5x_1 + 2x_2 + x_3 = -12, \\ -x_1 + 4x_2 + 2x_3 = 20, \\ 2x_1 - 3x_2 + 10x_3 = 3. \end{cases}$$

要求当 $\|\boldsymbol{x}^{(k+1)}-\boldsymbol{x}^{(k)}\|_{\infty}<10^{-4}$ 时迭代终止.

解 SOR 方法迭代公式为

$$\begin{cases} x_1^{(k+1)} = x_1^{(k)} + \omega\left(-\dfrac{12}{5} - x_1^{(k)} - \dfrac{2}{5}x_2^{(k)} - \dfrac{1}{5}x_3^{(k)}\right), \\ x_2^{(k+1)} = x_2^{(k)} + \omega\left(5 + \dfrac{1}{4}x_1^{(k+1)} - x_2^{(k)} - \dfrac{1}{2}x_3^{(k)}\right), \\ x_3^{(k+1)} = x_3^{(k)} + \omega\left(\dfrac{3}{10} - \dfrac{1}{5}x_1^{(k+1)} + \dfrac{3}{10}x_2^{(k+1)} - x_3^{(k)}\right). \end{cases}$$

取初值 $\boldsymbol{x}^{(0)}=(0,0,0)^{\mathrm{T}}$，计算结果如下：

k	$x_1^{(k)}$	$x_2^{(k)}$	$x_3^{(k)}$
0	0	0	0
1	−2.600 000 0	3.565 000 0	1.800 550 0
2	−4.027 499 0	3.140 065 2	2.022 822 4
3	−4.057 281 4	2.990 848 1	2.010 121 9
4	−4.004 255 4	2.993 572 5	2.000 042 7
5	−3.998 119 3	2.999 761 2	1.999 601 3
6	−3.999 654 2	3.000 233 4	1.999 960 9
7	−4.000 042 4	3.000 031 4	2.000 012 2
8	−4.000 017 7	2.999 993 7	2.000 002 7

因 $\|\boldsymbol{x}^{(8)}-\boldsymbol{x}^{(7)}\|_{\infty}=0.000\,037\,7<10^{-4}$，故解取为 $\boldsymbol{x}^{(8)}=(-4.000\,017\,7, 2.999\,993\,7, 2.000\,002\,7)^{\mathrm{T}}$.

9. 设有线性方程组 $\boldsymbol{Ax}=\boldsymbol{b}$，其中 $\boldsymbol{A}$ 为对称正定矩阵，迭代公式

$$x^{(k+1)} = x^{(k)} + \omega(b - Ax^{(k)}), \quad k = 0,1,2,\cdots,$$

试证明当 $0<\omega<\dfrac{2}{\beta}$ 时上述迭代法收敛(其中 $0<\alpha\leqslant\lambda(A)\leqslant\beta$).

证明 将迭代公式写成

$$x^{(k+1)} = (I - \omega A)x^{(k)} + \omega b, \quad k = 0,1,2,\cdots,$$

迭代矩阵为 $B=I-\omega A$,其特征值 $\mu=1-\omega\lambda(A)$.

由 $|\mu|<1$,即 $|1-\omega\lambda(A)|<1$,得

$$0 < \omega < \frac{2}{\lambda(A)},$$

故当 $0<\omega<\dfrac{2}{\beta}$ 时,有 $0<\omega<\dfrac{2}{\lambda(A)}$,即 $|\mu|<1$,这时 $\rho(B)<1$,故迭代收敛.

10. 取 $x^{(0)}=\mathbf{0}$. 用共轭梯度法求解下列线性方程组：

(1) $\begin{pmatrix}6 & 3\\3 & 2\end{pmatrix}\begin{pmatrix}x_1\\x_2\end{pmatrix}=\begin{pmatrix}0\\-1\end{pmatrix}$; (2) $\begin{pmatrix}4 & 3 & 0\\3 & 4 & -1\\0 & -1 & 4\end{pmatrix}\begin{pmatrix}x_1\\x_2\\x_3\end{pmatrix}=\begin{pmatrix}3\\5\\-5\end{pmatrix}$.

解 (1) 显然 A 是对称正定的.

取 $x^{(0)}=(0,0)^T$,由共轭梯度法计算公式,$p^{(0)}=r^{(0)}=b-Ax^{(0)}=(0,-1)^T$.

$$\alpha_0 = \frac{(r^{(0)}, r^{(0)})}{(Ap^{(0)}, p^{(0)})} = \frac{1}{2},$$

$$x^{(1)} = x^{(0)} + \alpha_0 p^{(0)} = \left(0, -\frac{1}{2}\right)^T,$$

$$r^{(1)} = r^{(0)} - \alpha_0 Ap^{(0)} = \left(\frac{3}{2}, 0\right)^T,$$

$$\beta_0 = \frac{(r^{(1)}, r^{(1)})}{(r^{(0)}, r^{(0)})} = \frac{9}{4},$$

$$p^{(1)} = r^{(1)} + \beta_0 p^{(0)} = \left(\frac{3}{2}, -\frac{9}{4}\right)^T,$$

$$\alpha_1 = \frac{(r^{(1)}, r^{(1)})}{(Ap^{(1)}, p^{(1)})} = \frac{2}{3},$$

$$x^{(2)} = x^{(1)} + \alpha_1 p^{(1)} = (1, -2)^T,$$

$$r^{(2)} = r^{(1)} - \alpha_1 Ap^{(1)} = (0,0)^T,$$

故 $x^{(2)}=(1,-2)^T$ 为方程组的解. 事实上,因为 $n=2$,所以用共轭梯度法两步即可求得方程组的精确解.

(2) 显然 A 是对称正定的.

取 $x^{(0)}=(0,0,0)^T$,则 $p^{(0)}=r^{(0)}=b-Ax^{(0)}=(3,5,-5)^T$.

$$\alpha_0 = \frac{(r^{(0)}, r^{(0)})}{(Ap^{(0)}, p^{(0)})} = \frac{59}{376},$$

$$x^{(1)} = x^{(0)} + \alpha_0 p^{(0)} = \left(\frac{177}{376}, \frac{295}{376}, -\frac{295}{376}\right)^T,$$

$$\boldsymbol{r}^{(1)}=\boldsymbol{r}^{(0)}-\alpha_0\boldsymbol{A}\boldsymbol{p}^{(0)}=\left(-\frac{465}{376},-\frac{126}{376},-\frac{405}{376}\right)^{\mathrm{T}},$$

$$\beta_0=\frac{(\boldsymbol{r}^{(1)},\boldsymbol{r}^{(1)})}{(\boldsymbol{r}^{(0)},\boldsymbol{r}^{(0)})}=\frac{396\,126}{59\times 376\times 376}=0.047\,490\,4$$

$$\boldsymbol{p}^{(1)}=\boldsymbol{r}^{(1)}+\beta_0\boldsymbol{p}^{(0)}=(-1.094\,230\,9,-0.097\,654\,4,-1.314\,579\,7)^{\mathrm{T}},$$

$$\alpha_1=\frac{(\boldsymbol{r}^{(1)},\boldsymbol{r}^{(1)})}{(\boldsymbol{A}\boldsymbol{p}^{(1)},\boldsymbol{p}^{(1)})}=0.231\,099\,0,$$

$$\boldsymbol{x}^{(2)}=\boldsymbol{x}^{(1)}+\alpha_1\boldsymbol{p}^{(1)}=(0.217\,869\,0,0.762\,006\,6,-1.088\,372\,6)^{\mathrm{T}},$$

$$\boldsymbol{r}^{(2)}=\boldsymbol{r}^{(1)}-\alpha_1\boldsymbol{A}\boldsymbol{p}^{(1)}=(-0.157\,495\,6,0.209\,994\,2,0.115\,496\,8)^{\mathrm{T}},$$

$$\beta_1=\frac{(\boldsymbol{r}^{(2)},\boldsymbol{r}^{(2)})}{(\boldsymbol{r}^{(1)},\boldsymbol{r}^{(1)})}=0.029\,351\,9,$$

$$\boldsymbol{p}^{(2)}=\boldsymbol{r}^{(2)}+\beta_1\boldsymbol{p}^{(1)}=(-0.189\,613\,3,0.207\,127\,8,0.076\,911\,4)^{\mathrm{T}},$$

$$\alpha_2=\frac{(\boldsymbol{r}^{(2)},\boldsymbol{r}^{(2)})}{(\boldsymbol{A}\boldsymbol{p}^{(2)},\boldsymbol{p}^{(2)})}=1.149\,017\,0,$$

$$\boldsymbol{x}^{(3)}=\boldsymbol{x}^{(2)}+\alpha_2\boldsymbol{p}^{(2)}=(-0.000\,000\,0,1.000\,000\,0,-1.000\,000\,0)^{\mathrm{T}},$$

$$\boldsymbol{r}^{(3)}=\boldsymbol{r}^{(2)}-\alpha_2\boldsymbol{A}\boldsymbol{p}^{(2)}=(0.000\,000\,0,0.000\,000\,0,-0.000\,000\,0)^{\mathrm{T}}.$$

因为 $n=3$，所以用共轭梯度法 3 步即可求得方程组的精确解的近似程度非常高的解. 方程组的解为 $(0,1,-1)^{\mathrm{T}}$.

11. 证明在共轭梯度法中有 $\varphi(\boldsymbol{x}^{(k+1)})\leqslant\varphi(\boldsymbol{x}^{(k)})$，若 $\boldsymbol{r}^{(k)}\neq\boldsymbol{0}$，则严格不等式成立.

证明　由 $\varphi(\boldsymbol{x}+\alpha\boldsymbol{y})=\varphi(\boldsymbol{x})+\alpha(\boldsymbol{A}\boldsymbol{x}-\boldsymbol{b},\boldsymbol{y})+\frac{\alpha^2}{2}(\boldsymbol{A}\boldsymbol{y},\boldsymbol{y})$ 及

$$\boldsymbol{x}^{(k+1)}=\boldsymbol{x}^{(k)}+\alpha_k\boldsymbol{p}^{(k)},$$

有

$$\varphi(\boldsymbol{x}^{(k+1)})=\varphi(\boldsymbol{x}^{(k)})+\alpha_k(\boldsymbol{A}\boldsymbol{x}^{(k)}-\boldsymbol{b},\boldsymbol{p}^{(k)})+\frac{\alpha_k^2}{2}(\boldsymbol{A}\boldsymbol{p}^{(k)},\boldsymbol{p}^{(k)}).$$

将 $\alpha_k=\frac{(\boldsymbol{r}^{(k)},\boldsymbol{r}^{(k)})}{(\boldsymbol{p}^{(k)},\boldsymbol{A}\boldsymbol{p}^{(k)})}$ 代入并利用

$$\boldsymbol{r}^{(k)}=\boldsymbol{b}-\boldsymbol{A}\boldsymbol{x}^{(k)},\quad(\boldsymbol{r}^{(k+1)},\boldsymbol{p}^{(k)})=(\boldsymbol{r}^{(k)},\boldsymbol{p}^{(k)})-\alpha_k(\boldsymbol{A}\boldsymbol{p}^{(k)},\boldsymbol{p}^{(k)})=0$$

及

$$(\boldsymbol{r}^{(k)},\boldsymbol{p}^{(k)})=(\boldsymbol{r}^{(k)},\boldsymbol{r}^{(k)}+\beta_{k-1}\boldsymbol{p}^{(k-1)})=(\boldsymbol{r}^{(k)},\boldsymbol{r}^{(k)}),$$

得

$$\begin{aligned}\varphi(\boldsymbol{x}^{(k+1)})&=\varphi(\boldsymbol{x}^{(k)})-\frac{(\boldsymbol{r}^{(k)},\boldsymbol{r}^{(k)})}{(\boldsymbol{p}^{(k)},\boldsymbol{A}\boldsymbol{p}^{(k)})}(\boldsymbol{r}^{(k)},\boldsymbol{p}^{(k)})+\frac{1}{2}\frac{(\boldsymbol{r}^{(k)},\boldsymbol{r}^{(k)})^2}{(\boldsymbol{p}^{(k)},\boldsymbol{A}\boldsymbol{p}^{(k)})^2}(\boldsymbol{A}\boldsymbol{p}^{(k)},\boldsymbol{p}^{(k)})\\&=\varphi(\boldsymbol{x}^{(k)})+\frac{1}{2}\frac{(\boldsymbol{r}^{(k)},\boldsymbol{r}^{(k)})}{(\boldsymbol{p}^{(k)},\boldsymbol{A}\boldsymbol{p}^{(k)})}[(\boldsymbol{r}^{(k)},\boldsymbol{r}^{(k)})-2(\boldsymbol{r}^{(k)},\boldsymbol{p}^{(k)})]\\&=\varphi(\boldsymbol{x}^{(k)})-\frac{1}{2}\frac{(\boldsymbol{r}^{(k)},\boldsymbol{r}^{(k)})^2}{(\boldsymbol{p}^{(k)},\boldsymbol{A}\boldsymbol{p}^{(k)})},\end{aligned}$$

故 $\varphi(\boldsymbol{x}^{(k+1)})\leqslant\varphi(\boldsymbol{x}^{(k)})$. 特别当 $\boldsymbol{r}^{(k)}\neq\boldsymbol{0}$ 时，$\varphi(\boldsymbol{x}^{(k+1)})<\varphi(\boldsymbol{x}^{(k)})$.

第 7 章　非线性方程与方程组的数值解法

复习与思考题解答

1. 什么是方程的有根区间？它与求根有何关系？

答　若 $f(x)\in C[a,b]$，且 $f(a)f(b)<0$，则根据连续函数的性质可知 $f(x)=0$ 在 (a,b) 内至少有一个实根，这时称 $[a,b]$ 为方程 $f(x)=0$ 的有根区间，方程求根应在有根区间内进行.

2. 什么是二分法？用二分法求 $f(x)=0$ 的根，f 要满足什么条件？

答　若 $f(x)\in C[a,b]$ 且 $f(a)f(b)<0$，根据连续函数的性质可知 $f(x)=0$ 在 (a,b) 内至少有一个实根，这时称 $[a,b]$ 为方程的有根区间，在有根区间内可以使用二分法.

考察有根区间 $[a,b]$，取中点 $x_0=(a+b)/2$ 将它分为两半，假设中点 x_0 不是 $f(x)$ 的零点，然后进行根的搜索，即检查 $f(x_0)$ 与 $f(a)$ 是否同号，如果确是同号，说明所求的根 x^* 在 x_0 的右端，这时令 $a_1=x_0, b_1=b$；否则 x^* 必在 x_0 的左侧，这时令 $a_1=a, b_1=x_0$. 不管出现哪种情况，新的有根区间 $[a_1,b_1]$ 的长度仅为 $[a,b]$ 长度的一半.

对压缩了的有根区间 $[a_1,b_1]$ 又可施行同样的手续，即用中点 $x_1=(a_1+b_1)/2$ 将区间 $[a_1,b_1]$ 再分为两半，然后通过根的搜索判定所求的根在 x_1 的哪一侧，从而又确定一个新的有根区间 $[a_2,b_2]$，其长度是 $[a_1,b_1]$ 长度的一半.

如此反复二分下去，即可得出一系列的有根区间

$$[a,b]\supset[a_1,b_1]\supset[a_2,b_2]\supset\cdots\supset[a_k,b_k]\supset\cdots,$$

其中每个区间都是前一个区间的一半，因此当 $k\to\infty$ 时的长度

$$b_k-a_k=(b-a)/2^k$$

趋于零，就是说，如果二分过程无限地进行下去，这些区间最终必收缩于一点 x^*，该点就是所求的根，这就是二分法.

3. 什么是函数 $\varphi(x)$ 的不动点？如何确定 $\varphi(x)$ 使它的不动点等价于 $f(x)$ 的零点？

答　若 $x^*=\varphi(x^*)$，则称 x^* 为函数 $\varphi(x)$ 的不动点. 若 $x=\varphi(x)$ 等价于 $f(x)=0$，则满足 $x^*=\varphi(x^*)$ 的 x^* 必须满足 $f(x^*)=0$，此时求 $\varphi(x)$ 的不动点与求 $f(x)$ 的零点等价.

4. 什么是不动点迭代法？$\varphi(x)$ 满足什么条件才能保证不动点存在和不动点迭代序列收敛于 $\varphi(x)$ 的不动点？

答　选择一个初始近似值 x_0，将它代入 $x=\varphi(x)$ 的右端，求得

$$x_1=\varphi(x_0),$$

如此反复计算，有

$$x_{k+1}=\varphi(x_k),\quad k=0,1,\cdots,$$

如果对任何 $x_0\in[a,b]$，由上述迭代所得到的序列 $\{x_k\}$ 有极限

$$\lim_{k\to\infty}x_k = x^*,$$

则称迭代方程 $x_{k+1}=\varphi(x_k)$ 收敛，且 x^* 为 $\varphi(x)$ 的不动点，该迭代称为不动点迭代法.

设 $\varphi(x)\in C[a,b]$，若满足：

(1) 对任意 $x\in[a,b]$，有 $a\leqslant\varphi(x)\leqslant b$，

(2) 存在正常数 $L<1$，使对任意 $x,y\in[a,b]$ 都有

$$|\varphi(x)-\varphi(y)|\leqslant L|x-y|,$$

则 $\varphi(x)$ 在 $[a,b]$ 上存在唯一的不动点 x^*.

若 $\varphi(x)\in C[a,b]$ 满足上述条件(1)和(2)，则对任意 $x_0\in[a,b]$，由 $x_{k+1}=\varphi(x_k)$ 得到迭代序列 $\{x_k\}$ 必收敛到 $\varphi(x)$ 的不动点.

5. 什么是迭代法的收敛阶？如何衡量迭代法收敛的快慢？如何确定 $x_{k+1}=\varphi(x_k)(k=0,1,\cdots)$ 的收敛阶？

答　设迭代法 $x_{k+1}=\varphi(x_k)$ 收敛于方程 $x=\varphi(x)$ 的根 x^*，如果当 $k\to\infty$ 时，迭代误差 $e_k=x_k-x^*$ 满足渐近关系式

$$\frac{e_{k+1}}{e_k^p}\longrightarrow C\quad(C\text{ 为常数且 }C\neq 0),$$

则称该迭代法的收敛阶为 p，利用收敛阶可以衡量迭代法收敛的快慢.

对于迭代过程 $x_{k+1}=\varphi(x_k)$ 及正整数 p，如果 $\varphi^{(p)}(x)$ 在所求根 x^* 附近连续，并且

$$\varphi'(x^*)=\varphi''(x^*)=\cdots=\varphi^{(p-1)}(x^*)=0,\quad \varphi^{(p)}(x^*)\neq 0,$$

则该迭代过程在点 x^* 邻近是 p 阶收敛的.

6. 什么是求解 $f(x)=0$ 的牛顿法？它是否总是收敛的？若 $f(x^*)=0$，x^* 是单根，f 光滑，证明牛顿法是局部二阶收敛的.

答　设已知方程 $f(x)=0$ 有近似根 x_k（假定 $f'(x_k)\neq 0$），将函数 $f(x)$ 在点 x_k 展开，有

$$f(x)\approx f(x_k)+f'(x_k)(x-x_k),$$

将 $f(x)=0$ 近似地表示为

$$f(x_k)+f'(x_k)(x-x_k)=0,$$

记其根为 x_{k+1}，则 x_{k+1} 的计算公式为

$$x_{k+1}=x_k-\frac{f(x_k)}{f'(x_k)},\quad k=0,1,\cdots,$$

这就是牛顿法，亦称切线法.

当 x^* 是 $f(x)$ 的一个单根时，牛顿法总是收敛的，且为平方收敛. 事实上，由牛顿法的迭代函数

$$\varphi(x)=x-\frac{f(x)}{f'(x)},$$

有

$$\varphi'(x)=\frac{f(x)f''(x)}{[f'(x)]^2}.$$

当 x^* 是 $f(x)$ 的一个单根，即 $f(x^*)=0$，$f'(x^*)\neq 0$ 时，有 $\varphi'(x^*)=0$，所以牛顿法收敛，

又因

$$\varphi''(x)=\frac{[f'(x)f''(x)+f(x)f'''(x)][f'(x)]^2-f(x)f''(x)2f'(x)f''(x)}{[f'(x)]^4},$$

故 $\varphi''(x^*)=\dfrac{f''(x^*)}{f'(x^*)}$，由泰勒展开

$$x_{k+1}=\varphi(x_k)=\varphi(x^*)+\varphi'(x^*)(x_k-x^*)+\frac{1}{2}\varphi''(\xi)(x_k-x^*)^2,\xi \text{ 在 } x^* \text{ 与 } x_k \text{ 之间},$$

即

$$x_{k+1}=x^*+\frac{1}{2}\varphi''(\xi)(x_k-x^*)^2,$$

$$\frac{x_{k+1}-x^*}{(x_k-x^*)^2}=\frac{1}{2}\varphi''(\xi),$$

于是

$$\lim_{k\to\infty}\frac{x_{k+1}-x^*}{(x_k-x^*)^2}=\frac{1}{2}\varphi''(\xi)=\frac{f''(x^*)}{2f'(x^*)},$$

即牛顿法是局部二次收敛的.

7. 什么是弦截法？试从收敛阶及每步迭代计算量与牛顿法比较其差别.

答 设 x_k,x_{k-1} 是 $f(x)=0$ 的近似根，利用 $f(x_k),f(x_{k-1})$ 构造一次插值多项式 $p_1(x)$，用 $p_1(x)=0$ 的根作为 $f(x)=0$ 的新的近似根 x_{k+1}，计算公式为

$$x_{k+1}=x_k-\frac{f(x_k)}{f(x_k)-f(x_{k-1})}(x_k-x_{k-1}),$$

这就是弦截法.

从收敛阶上看，牛顿法的收敛阶为 2，而弦截法的收敛阶约为 1.618，牛顿法优于弦截法，但在牛顿法中，每步除计算 $f(x_k)$ 外，还要计算 $f'(x_k)$，当函数 $f(x)$ 比较复杂时，计算 $f'(x)$ 往往较困难，计算量也比较大，而弦截法则利用已求得的函数值 $f(x_k),f(x_{k-1})$ 回避了导数 $f'(x_k)$ 的计算，所以从计算量上看，弦截法优于牛顿法.

牛顿法与弦截法有着本质的区别，牛顿法属于一步法，弦截法属于两步法.

8. 什么是解方程的抛物线法？在求多项式全部零点中是否优于牛顿法？

答 设已知方程 $f(x)=0$ 的三个近似根 x_k,x_{k-1},x_{k-2}，以这三点为节点构造二次插值多项式 $p_2(x)$ 并适当选取 $p_2(x)$ 的一个零点 x_{k+1} 作为新的近似根，这样确定的迭代过程称为抛物线法.

抛物线法是超线性收敛的，收敛速度不如牛顿法快.

9. 什么是方程的重根？重根对牛顿法收敛阶有何影响？试给出具有二阶收敛的计算重根方法.

答 若 $f(x)=(x-x^*)^m g(x)$，整数 $m\geqslant 2$，$g(x^*)\neq 0$，则称 x^* 为方程 $f(x)=0$ 的 m 重根，用牛顿法求重根只能达到线性收敛.

对于 m 重根的情形，若取

$$\varphi(x) = x - m\frac{f(x)}{f'(x)},$$

则 $\varphi'(x^*)=0$，此时用迭代法

$$x_{k+1} = x_k - m\frac{f(x_k)}{f'(x_k)},\quad k = 0,1,\cdots$$

计算具有二阶收敛性，当然事先需要知道根 x^* 的 m 重数.

10. 什么是求解 n 维非线性方程组的牛顿法？它每步迭代要调用多少次标量函数（计算偏导数与计算函数值相当）.

答　将单个方程的牛顿法直接用于方程组 $\boldsymbol{F}(\boldsymbol{x})=\boldsymbol{0}$，可得到解非线性线性方程组的牛顿迭代法为

$$\boldsymbol{x}^{(k+1)} = \boldsymbol{x}^{(k)} - \boldsymbol{F}'(\boldsymbol{x}^{(k)})^{-1}\boldsymbol{F}(\boldsymbol{x}^{(k)}),\quad k = 0,1,\cdots,$$

这里 $\boldsymbol{F}'(\boldsymbol{x})^{-1}$ 是雅可比矩阵 $\boldsymbol{F}'(\boldsymbol{x})$ 的逆矩阵.

具体计算时，记 $\boldsymbol{x}^{(k+1)}-\boldsymbol{x}^{(k)}=\Delta\boldsymbol{x}^{(k)}$，转化为求关于 $\Delta\boldsymbol{x}^{(k)}$ 的线性方程组 $\boldsymbol{F}'(\boldsymbol{x}^{(k)})\Delta\boldsymbol{x}^{(k)} = -\boldsymbol{F}(\boldsymbol{x}^{(k)})$.

在此过程中，雅可比矩阵 $\boldsymbol{F}'(\boldsymbol{x}^{(k)})$ 中要调用 n^2 次标量函数，$\boldsymbol{F}(\boldsymbol{x}^{(k)})$ 中要调用 n 次标量函数，故每步迭代要调用 n^2+n 次标量函数.

11. 判断下列命题是否正确：

(1) 非线性方程（或方程组）的解通常不唯一.

(2) 牛顿法是不动点迭代的一个特例.

(3) 不动点迭代法总是线性收敛的.

(4) 任何迭代法的收敛阶都不可能高于牛顿法.

(5) 牛顿法总比弦截法及抛物线法更节省计算时间.

(6) 求多项式 $p(x)$ 的零点问题一定是病态的问题.

(7) 二分法与牛顿法一样都可推广到多维方程组求解.

(8) 牛顿法有可能不收敛.

(9) 不动点迭代法 $x_{k+1}=\varphi(x_k)$，其中 $x^*=\varphi(x^*)$，若 $|\varphi'(x^*)|<1$，则对任意初值 x_0 迭代都收敛.

(10) 弦截法也是不动点迭代的特例.

答　(1) 对. 如 n 次多项式最多可有 n 个根.

(2) 对. 牛顿法实质上是 $\varphi(x)=x-f(x)/f'(x)$ 的不动点迭代.

(3) 错. 比如作为其特例的牛顿法可以达到二阶收敛.

(4) 错. 理论上可以出现 3、4 阶收敛的迭代法.

(5) 错. 如果函数的导数值的计算比较复杂，很可能要比弦截法等更费时间.

(6) 错. 因为问题是否病态与零点的分布有很大关系，不能一概而论.

(7) 错. 二分法只能用于非线性方程. 因为它的理论依据是一元连续函数的介值定理，而对多元连续函数没有与其对应的推广定理。

(8) 对. 牛顿法是局部收敛的，即只有当初始点与零点很近时，才收敛. 当初始点取得不恰当时，可能不收敛.

(9) 错. 关于不动点迭代法收敛的两个条件都要满足，才能保证从区间内的点开始的迭代收敛.

(10) 错. 因为弦截法是一种两步法，而不动点迭代是单步法.

习 题 解 答

1. 用二分法求方程 $x^2-x-1=0$ 的正根，要求误差小于 0.05.

解　设 $f(x)=x^2-x-1$，因为 $f(0)=-1<0$，$f(2)=1>0$，所以 $[0,2]$ 为 $f(x)$ 的有根区间.

又 $f'(x)=2x-1$，故当 $0<x<\frac{1}{2}$ 时，$f(x)$ 单调递减，当 $x>\frac{1}{2}$ 时，$f(x)$ 单调递增.

而 $f\left(\frac{1}{2}\right)=-\frac{5}{4}$，$f(0)=-1$，由单调性知 $f(x)$ 的唯一正根 $x^*\in(1.5,2)$.

根据二分法的误差估计式，要求误差小于 0.05，只需 $\frac{1}{2^{k+1}}<0.05$，解得 $k+1>4.322$，故至少应二分 6 次. 具体计算结果见下表.

k	a_k	b_k	x_k	$f(x_k)$的符号	k	a_k	b_k	x_k	$f(x_k)$的符号
0	1	2	1.5	−	3	1.5	1.625	1.562 5	−
1	1.5	2	1.75	+	4	1.562 5	1.625	1.593 75	−
2	1.5	1.75	1.625	+	5	1.593 75	1.625	1.609 375	−

因此 $x^*\approx x_5=1.609\ 375$.

2. 为求方程 $x^3-x^2-1=0$ 在 $x_0=1.5$ 附近的一个根，设将方程改写成下列等价形式，并建立相应的迭代公式.

(1) $x=1+1/x^2$，迭代公式 $x_{k+1}=1+1/x_k^2$；

(2) $x^3=x^2+1$，迭代公式 $x_{k+1}=\sqrt[3]{x_k^2+1}$；

(3) $x^2=\frac{1}{x-1}$，迭代公式 $x_{k+1}=1/\sqrt{x_k-1}$.

试分析每种迭代公式的收敛性，并选取一种公式求出具有四位有效数字的近似根.

解　考虑 $x_0=1.5$ 的邻域 $[1.3,1.6]$.

(1) 当 $x\in[1.3,1.6]$ 时，$\varphi(x)=1+\frac{1}{x^2}\in[1.3,1.6]$，$|\varphi'(x)|=\left|-\frac{2}{x^3}\right|\leqslant\frac{2}{1.3^3}\approx0.910=L<1$，故迭代 $x_{k+1}=1+\frac{1}{x_k^2}$ 在 $[1.3,1.6]$ 上整体收敛.

(2) 当 $x\in[1.3,1.6]$ 时，$\varphi(x)=(1+x^2)^{1/3}\in[1.3,1.6]$，

$$|\varphi'(x)|=\frac{2}{3}\left|\frac{x}{(1+x^2)^{2/3}}\right|<\frac{2}{3}\frac{1.6}{(1+1.3^2)^{2/3}}\approx0.522=L<1,$$

故迭代 $x_{k+1}=\sqrt[3]{x_k^2+1}$在$[1.3,1.6]$上整体收敛.

(3) 当 $x\in[1.3,1.6]$时, $\varphi(x)=\dfrac{1}{\sqrt{x-1}}$, $|\varphi'(x)|=\left|\dfrac{-1}{2(x-1)^{3/2}}\right|>\dfrac{1}{2(1.6-1)}>1$.

故迭代 $x_{k+1}=1/\sqrt{x_k-1}$发散.

由于(2)中的 L 较小,故取(2)的迭代公式计算. 若使结果具有四位有效数字,只需

$$|x_k-x^*|\leqslant\frac{L}{1-L}|x_k-x_{k-1}|<\frac{1}{2}\times10^{-3},$$

即

$$|x_k-x_{k-1}|<\frac{1-L}{L}\times\frac{1}{2}\times10^{-3}<0.5\times10^{-3}.$$

取 $x_0=1.5$,计算结果见下表.

k	x_k	k	x_k	k	x_k
1	1.481 248 034	3	1.468 817 314	5	1.466 243 010
2	1.472 705 730	4	1.467 047 973	6	1.465 876 820

由于$|x_6-x_5|<\dfrac{1}{2}\times10^{-3}$,故可取 $x^*\approx x_6=1.466$.

3. 比较求 $e^x+10x-2=0$ 的根到三位小数所需的计算量:

(1) 在区间$[0,1]$内用二分法;

(2) 用迭代法 $x_{k+1}=(2-e^{x_k})/10$,取初值 $x_0=0$.

解 (1) 因 $x^*\in[0,1]$, $f(0)<0$, $f(1)>0$,故 $0<x^*<1$,用二分法的计算结果见下表.

k	a_k	b_k	x_k	$f(x_k)$的符号	$\frac{1}{2^{k+1}}$
0	0	1	0.5	+	0.5
1	0	0.5	0.25	+	0.25
2	0	0.25	0.125	+	0.125
3	0	0.125	0.062 5	−	0.062 5
4	0.062 5	0.125	0.093 75	+	0.031 25
5	0.062 5	0.093 75	0.078 125	−	0.015 625
6	0.078 125	0.093 75	0.085 937 5	−	0.007 812 5
7	0.085 937 5	0.093 75	0.089 843 75	−	0.003 906 25
8	0.089 843 75	0.093 75	0.091 796 875	+	0.001 953 125
9	0.089 843 75	0.091 796 875	0.090 820 312	+	0.000 976 562
10	0.089 843 75	0.090 820 312	0.090 332 031	−	0.000 488 281
11	0.090 332 031	0.090 820 312	0.090 576 171	+	0.000 244 14
12	0.090 332 031	0.090 576 171	0.090 454 101	−	0.000 122 07
13	0.090 454 101	0.090 576 171	0.090 515 136	−	0.000 061 035
14	0.090 515 136	0.090 576 171	0.090 545 653	+	0.000 030 517

由于$|x_{14}-x^*|\leqslant\frac{1}{2^{15}}=0.000\,030\,517<\frac{1}{2}\times10^{-4}$，所以$x^*\approx x_{14}$具有三位有效数字.

(2) 当$x\in[0,0.5]$时，$\varphi(x)\in[0,0.5]$，$|\varphi'(x)|=\frac{1}{10}|-e^x|\leqslant L=0.825<1$，故迭代$x_{k+1}=(2-e^{x_k})/10$在$[0,0.5]$上整体收敛.

取$x_0=0$，迭代结果见下表.

k	x_k	k	x_k	k	x_k
1	0.1	3	0.090 639 135	5	0.090 526 468
2	0.089 482 908	4	0.090 512 616	6	0.090 524 951

此时$|x_6-x^*|\leqslant\frac{L}{1-L}|x_6-x_5|\leqslant0.000\,007\,20<\frac{1}{2}\times10^{-4}$，故$x^*\approx x_6$，精确到三位小数.

4. 给定函数$f(x)$，设对一切x，$f'(x)$存在且$0<m\leqslant f'(x)\leqslant M$，证明对于范围$0<\lambda<2/M$内的任意定数$\lambda$，迭代过程$x_{k+1}=x_k-\lambda f(x_k)$均收敛于$f(x)=0$的根$x^*$.

证明 由于$f'(x)>0$，故$f(x)$为单调函数，因此方程$f(x)=0$的根x^*是唯一的.

迭代函数$\varphi(x)=x-\lambda f(x)$，$|\varphi'(x)|=|1-\lambda f'(x)|$. 由$0<m\leqslant f'(x)\leqslant M$及$0<\lambda<2/M$，得

$$0<\lambda m\leqslant\lambda f'(x)\leqslant\lambda M<2,$$
$$-1<1-\lambda M\leqslant1-\lambda f'(x)\leqslant1-\lambda m<1,$$

故

$$|\varphi'(x)|\leqslant L=\max\{|1-\lambda m|,|1-\lambda M|\}<1.$$

由此可得

$$|x_k-x^*|\leqslant L|x_{k-1}-x^*|\leqslant\cdots\leqslant L^k|x_0-x^*|\to0\quad(k\to\infty),$$

即$\lim\limits_{k\to\infty}x_k=x^*$.

5. 用斯特芬森迭代法计算第2题中(2)，(3)的近似根，精确到10^{-5}.

解 记第2题中(2)的迭代函数$\varphi_2(x)=(1+x^2)^{1/3}$，(3)的迭代函数为$\varphi_3(x)=\frac{1}{\sqrt{x-1}}$，利用斯特芬森迭代法计算结果见下表.

k	加速$\varphi_2(x)$的结果x_k	k	加速$\varphi_3(x)$的结果x_k
0	1.5	0	1.5
1	1.465 558 485	1	1.467 342 286
2	1.465 571 233	2	1.465 576 085
3	1.465 571 232	3	1.465 571 232
4		4	1.465 571 232

6. 设$\varphi(x)=x-p(x)f(x)-q(x)f^2(x)$，试确定函数$p(x)$和$q(x)$，使求解$f(x)=0$且以$\varphi(x)$为迭代函数的迭代法至少三阶收敛.

解　若使 $x_{k+1}=\varphi(x_k)$ 三阶收敛到 $f(x)=0$ 的根 x^*，根据相应结论，应有 $\varphi(x^*)=x^*$，$\varphi'(x^*)=0$，$\varphi''(x^*)=0$. 于是由

$$\varphi(x^*)=x^*-p(x^*)f(x^*)-q(x^*)f^2(x^*)=x^*,$$
$$\varphi'(x^*)=1-p(x^*)f'(x^*)=0,$$
$$\varphi''(x^*)=-2p'(x^*)f'(x^*)-p(x^*)f''(x^*)-2q(x^*)[f'(x^*)]^2=0,$$

有

$$p(x^*)=\frac{1}{f'(x^*)},\quad q(x^*)=\frac{1}{2}\frac{f''(x^*)}{[f'(x^*)]^3}$$

故取

$$p(x)=\frac{1}{f'(x)},\quad q(x)=\frac{f''(x)}{2[f'(x)]^3}$$

时迭代至少三阶收敛.

7. 用下列方法求 $f(x)=x^3-3x-1=0$ 在 $x_0=2$ 附近的根. 根的准确值 $x^*=1.87938524\cdots$，要求计算结果准确到四位有效数字.

(1) 用牛顿法；

(2) 用弦截法，取 $x_0=2,x_1=1.9$；

(3) 用抛物线法，取 $x_0=2,x_1=3,x_2=2$.

解　对 $\forall x\in[1,2]$，$f(1)<0$，$f(2)>0$，$f'(x)=3x^2-3=3(x^2-1)\geqslant 0$，$f''(x)=6x>0$.

(1) 取 $x_0=2$，用牛顿迭代法. 因 $f(x)=x^3-3x-1$，故 $f'(x)=3x^2-3$，于是得

$$x_{k+1}=x_k-\frac{x_k^3-3x_k-1}{3x_k^2-3}=\frac{2x_k^3+1}{3(x_k^2-1)},\quad k=0,1,2,\cdots$$

计算得 $x_1=1.888888889$，$x_2=1.879451567$，因为 $|x_2-x^*|<\frac{1}{2}\times10^{-3}$，所以 $x^*\approx x_2=1.879451567$.

(2) 取 $x_0=2,x_1=1.9$，用弦截法

$$x_{k+1}=x_k-\frac{(x_k-x_{k-1})f(x_k)}{f(x_k)-f(x_{k-1})}=\frac{x_k^2x_{k-1}+x_kx_{k-1}^2+1}{x_k^2+x_kx_{k-1}+x_{k-1}^2-3},\quad k=1,2,\cdots$$

计算得 $x_2=1.981093936$，$x_3=1.880840630$，$x_4=1.879489903$，因为 $|x_4-x^*|<\frac{1}{2}\times10^{-3}$，所以 $x^*\approx x_4=1.879489903$.

(3) $x_0=1,x_1=3,x_2=2$，抛物线法的迭代公式为

$$\begin{cases}x_{k+1}=x_k-\dfrac{2f(x_k)}{w+\operatorname{sign}(w)\sqrt{w^2-4f(x_k)f[x_k,x_{k-1},x_{k-2}]}},\\ w=f[x_k,x_{k-1}]+f[x_k,x_{k-1},x_{k-2}](x_k-x_{k-1}),\end{cases}$$

迭代结果为 $x_3=1.953967549$，$x_4=1.87801539$，$x_5=1.879386866$. x_5 具有四位有效数字.

8. 分别用二分法和牛顿法求 $x-\tan x=0$ 的最小正根.

解　显然 $x^*=0$ 满足方程. 另外，当 $|x|$ 较小时，$\tan x=x+\frac{1}{3}x^3+\cdots+\frac{x^{2k+1}}{2k+1}+\cdots$，故当

$x \in \left(0, \frac{\pi}{2}\right)$时，$\tan x > x$，因此方程 $x - \tan x = 0$ 的最小正根应在$\left(\frac{1}{2}\pi, \frac{3}{2}\pi\right)$内.

记 $f(x) = x - \tan x, x \in \left(\frac{\pi}{2}, \frac{3\pi}{2}\right)$，由 $f(4) = 2.842\cdots > 0, f(4.6) = -4.26\cdots < 0$，知 $[4, 4.6]$是$f(x)=0$ 的有根区间.

对于二分法，计算结果见下表.

k	a_k	b_k	x_k	$f(x_k)$的符号
0	4.0	4.6	4.3	+
1	4.3	4.6	4.45	+
2	4.45	4.6	4.525	−
3	4.45	4.525	4.487 5	+
4	4.487 5	4.525	4.506 25	−
5	4.487 5	4.506 25	4.496 875	−
6	4.487 5	4.496 875	4.492 187 5	+
7	4.492 187 5	4.496 875	4.494 531 25	−
8	4.492 187 5	4.494 531 25	4.493 359 375	+
9	4.493 359 375	4.494 531 25	4.493 445 313	−

此时$|x_9 - x^*| < \frac{1}{2^{10}} = \frac{1}{1024} < 10^{-3}$.

若用牛顿法，由于 $f'(x) = -(\tan x)^2 < 0, f''(x) = -2\tan x \frac{1}{\cos^2 x} < 0$，故取 $x_0 = 4.6$，迭代结果见下表.

k	x_k	k	x_k	k	x_k
1	4.545 732 122	3	4.494 171 63	5	4.493 409 458
2	4.506 145 588	4	4.493 412 197	6	4.493 409 458

所以 $x - \tan x = 0$ 的最小正根为 $x^* \approx 4.493\,409\,458$.

9. 研究求$\sqrt{a}$的牛顿公式

$$x_{k+1} = \frac{1}{2}\left(x_k + \frac{a}{x_k}\right), \quad x_0 > 0,$$

证明对一切 $k = 1, 2, \cdots, x_k \geqslant \sqrt{a}$且序列 $x_1, x_2, \cdots$是递减的.

证明 牛顿迭代公式为

$$x_{k+1} = \frac{1}{2}\left(x_k + \frac{a}{x_k}\right),$$

因为 $x_0 > 0$，所以 $x_k > 0 (k = 1, 2, \cdots)$，且

$$x_{k+1} = \frac{1}{2}\left(x_k + \frac{a}{x_k}\right) \geqslant \frac{1}{2} \times 2\sqrt{x_k \cdot \frac{a}{x_k}} = \sqrt{a}.$$

又因为

$$\frac{x_{k+1}}{x_k} = \frac{1}{2} + \frac{a}{2x_k^2} \leqslant \frac{1}{2} + \frac{a}{2a} = 1,$$

因而 $x_{k+1} \leqslant x_k$. 即对一切 $k=1,2,\cdots,x_k \geqslant \sqrt{a}$,且序列 $x_1,x_2,\cdots$ 是递减的.

10. 对于 $f(x)=0$ 的牛顿公式 $x_{k+1}=x_k-f(x_k)/f'(x_k)$,证明

$$R_k = (x_k - x_{k-1})/(x_{k-1} - x_{k-2})^2$$

收敛到 $-f''(x^*)/[2f'(x^*)]$,这里 x^* 为 $f(x)=0$ 的根.

证明　牛顿迭代公式为

$$x_{k+1} = x_k - \frac{f(x_k)}{f'(x_k)},$$

由

$$R_k = \frac{(x_k - x_{k-1})}{(x_{k-1} - x_{k-2})^2},$$

有

$$\begin{aligned} R_k &= \frac{-\dfrac{f(x_{k-1})}{f'(x_{k-1})}}{\left[-\dfrac{f(x_{k-2})}{f'(x_{k-2})}\right]^2} = -\frac{f(x_{k-1})[f'(x_{k-2})]^2}{f'(x_{k-1})[f(x_{k-2})]^2} \\ &= -\frac{[f(x_{k-1})-f(x^*)][f'(x_{k-2})]^2}{[f(x_{k-2})-f(x^*)]^2 f'(x_{k-1})} \\ &= -\frac{f'(\xi_{k-1})(x_{k-1}-x^*)[f'(x_{k-2})]^2}{[f'(\xi_{k-2})]^2(x_{k-2}-x^*)^2 f'(x_{k-1})}, \end{aligned}$$

其中 ξ_i 位于 x_i 与 x^* 之间,$i=k-1,k-2$.

又因为由牛顿法产生的序列收敛于方程 $f(x)=0$ 的根 x^*,所以

$$\lim_{k\to\infty} \frac{x_{k-1}-x^*}{(x_{k-2}-x^*)^2} = \frac{f''(x^*)}{2f'(x^*)}$$

故

$$\begin{aligned} \lim_{k\to\infty} R_k &= \lim_{k\to\infty} -\frac{f'(\xi_{k-1})(x_{k-1}-x^*)[f'(x_{k-2})]^2}{[f'(\xi_{k-2})]^2(x_{k-2}-x^*)^2 f'(x_{k-1})} \\ &= \lim_{k\to\infty} -\frac{f'(\xi_{k-1})f''(x^*)[f'(x_{k-2})]^2}{[f'(\xi_{k-2})]^2 2f'(x^*)f'(x_{k-1})} \\ &= -\frac{f''(x^*)}{2f'(x^*)}, \end{aligned}$$

命题得证.

11. 用牛顿法和求重根迭代法(4.13)式和(4.14)式计算方程 $f(x)=\left(\sin x-\dfrac{x}{2}\right)^2=0$ 的一个近似根,准确到 10^{-5},初始值 $x_0=\dfrac{\pi}{2}$.

解 显然，$f(x)=\left(\sin x-\dfrac{x}{2}\right)^2$ 的根 x^* 为二重根，且

$$f'(x)=2\left(\sin x-\frac{x}{2}\right)\left(\cos x-\frac{1}{2}\right).$$

牛顿迭代公式为

$$x_{k+1}=x_k-\frac{f(x_k)}{f'(x_k)}=x_k-\frac{\left(\sin x_k-\frac{x_k}{2}\right)^2}{2(\sin x_k-\frac{x_k}{2}\left(\cos x_k-\frac{1}{2}\right)}$$

$$=x_k-\frac{\sin x_k-\frac{x_k}{2}}{2\cos x_k-1},\quad k=0,1,2,\cdots.$$

令 $x_0=\dfrac{\pi}{2}$，则 $x_1=1.785\,398$，$x_2=1.844\,562$，…，迭代到 $x_{20}=1.895\,494$，有 $|x^*-1.895\,49|<10^{-5}$.

用求重根的迭代公式(4.13)，公式为

$$x_{k+1}=x_k-m\frac{f(x_k)}{f'(x_k)}=x_k-\frac{\sin x_k-\frac{x_k}{2}}{\cos x_k-\frac{1}{2}},\quad k=0,1,2,\cdots.$$

取 $x_0=\dfrac{\pi}{2}$，则

$$x_1=2.000\,000,x_2=1.900\,996,x_3=1.895\,512,x_4=1.895\,494,x_5=1.895\,494,$$

迭代 4 次即可得到上面 x_{20} 的结果.

若用迭代公式(4.14)，公式为

$$x_{k+1}=x_k-\frac{f(x_k)f'(x_k)}{[f'(x_k)]^2-f(x_k)f''(x_k)},$$

将 $f(x)$，$f'(x)$ 及 $f''(x)=2\left(\cos x-\dfrac{1}{2}\right)^2-2\sin x\left(\sin x-\dfrac{x}{2}\right)$ 代入迭代公式，得

$$x_{k+1}=x_k-\frac{\left(\sin x_k-\frac{x_k}{2}\right)\left(\cos x_k-\frac{1}{2}\right)}{\left(\cos x_k-\frac{1}{2}\right)^2+\sin x_k\left(\sin x_k-\frac{x_k}{2}\right)}.$$

取 $x_0=\dfrac{\pi}{2}$，则

$$x_1=1.801\,749,\quad x_2=1.889\,630,\quad x_3=1.895\,474,$$
$$x_4=1.895\,494,\quad x_5=1.895\,494,$$

结果与使用公式(4.13)相同.

12. 应用牛顿法于方程 $x^3-a=0$，导出求立方根 $\sqrt[3]{a}$ 的迭代公式，并讨论其收敛性.

解 $f(x)=x^3-a$，故 $f'(x)=3x^2$，$f''(x)=6x$，牛顿法迭代公式为

$$x_{k+1}=x_k-\frac{f(x_k)}{f'(x_k)}=x_k-\frac{x_k^3-a}{3x_k^2}=\frac{2x_k^3+a}{3x_k^2},\quad k=0,1,2,\cdots.$$

当 $a\neq 0$ 时，$\sqrt[3]{a}$为 $f(x)=0$ 的单根，此时，牛顿法在 x^* 附近是平方收敛的.

当 $a=0$ 时，迭代公式退化为

$$x_{k+1}=\frac{2}{3}x_k,$$

因而 $x_k\to 0$，即迭代公式收敛.

13. 应用牛顿法于方程 $f(x)=1-\dfrac{a}{x^2}=0$，导出求$\sqrt{a}$的迭代公式，并用此公式求 $\sqrt{115}$ 的值.

解　因为 $f(x)=1-\dfrac{a}{x^2}$，所以 $x^*=\sqrt{a}$为方程 $f(x)=0$ 的单根.

由 $f'(x)=\dfrac{2a}{x^3}$，知牛顿法迭代公式为

$$x_{k+1}=x_k-\frac{f(x_k)}{f'(x_k)}=x_k-\frac{1-\dfrac{a}{x_k^2}}{\dfrac{2a}{x_k^3}}=x_k-\frac{x_k^3-ax_k}{2a}=\frac{1}{2a}(3ax_k-x_k^3).$$

令 $a=115$，则有

$$x_{k+1}=\frac{x_k}{230}(345-x_k^2),$$

取 $x_0=10$，则

$$x_1=10.652\,173\,91,\quad x_2=10.732\,089\,18,$$
$$x_3=10.722\,805\,22,\quad x_4=10.723\,805\,29,$$

故 $\sqrt{115}\approx 10.723\,805$.

14. 应用牛顿法于方程 $f(x)=x^n-a=0$ 和 $f(x)=1-\dfrac{a}{x^n}=0$，分别导出求$\sqrt[n]{a}$的迭代公式，并求

$$\lim_{k\to\infty}(\sqrt[n]{a}-x_{k+1})/(\sqrt[n]{a}-x_k)^2.$$

解　若 $f(x)=x^n-a$，则

$$f'(x)=nx^{n-1},\quad f''(x)=n(n-1)x^{n-2}.$$

因为 $x^*=\sqrt[n]{a}$为方程 $f(x)=0$ 的根，所以牛顿迭代公式为

$$x_{k+1}=x_k-\frac{f(x_k)}{f'(x_k)}=x_k-\frac{x_k^n-a}{nx_k^{n-1}}=\frac{(n-1)x_k^n+a}{nx_k^{n-1}},$$

故

$$\lim_{k\to\infty}\frac{\sqrt[n]{a}-x_{k+1}}{(\sqrt[n]{a}-x_k)^2}=-\frac{f''(\sqrt[n]{a})}{2f'(\sqrt[n]{a})}=\frac{n(n-1)(\sqrt[n]{a})^{n-2}}{2n(\sqrt[n]{a})^{n-1}}=\frac{n-1}{2\sqrt[n]{a}}.$$

若 $f(x)=1-\frac{a}{x^n}$,则

$$f'(x)=\frac{an}{x^{n+1}},\quad f''(x)=-\frac{an(n+1)}{x^{n+2}}.$$

因为 $x^*=\sqrt[n]{a}$ 为方程 $f(x)=0$ 的根,所以牛顿迭代公式为

$$x_{k+1}=x_k-\frac{f(x_k)}{f'(x_k)}=x_k-\frac{1-\frac{a}{x_k^n}}{\frac{a\cdot n}{x_k^{n+1}}}=x_k-\frac{x_k^{n+1}-ax_k}{an}=\frac{(an+a)x_k-x_k^{n+1}}{an},$$

故

$$\lim_{k\to\infty}\frac{\sqrt[n]{a}-x_{k+1}}{(\sqrt[n]{a}-x_k)^2}=-\frac{f''(\sqrt[n]{a})}{2f'(\sqrt[n]{a})}=-\frac{-\frac{an(n+1)}{(\sqrt[n]{a})^{n+2}}}{2\cdot\frac{an}{(\sqrt[n]{a})^{n+1}}}=\frac{n+1}{2\sqrt[n]{a}}.$$

15. 证明迭代公式

$$x_{k+1}=\frac{x_k(x_k^2+3a)}{3x_k^2+a}$$

是计算$\sqrt{a}$的三阶方法.假定初值 x_0 充分靠近根 x^*,求

$$\lim_{k\to\infty}(\sqrt{a}-x_{k+1})/(\sqrt{a}-x_k)^3.$$

证明 若设 $\varphi(x)=\frac{x(x^2+3a)}{3x^2+a}$,则有 $\varphi(\sqrt{a})=\frac{\sqrt{a}(a+3a)}{3a+a}=\sqrt{a}$,迭代公式

$$x_{k+1}=\varphi(x_k),$$

以$\sqrt{a}$为不动点.由

$$\varphi'(x)=\frac{(3x^2+3a)(3x^2+a)-(x^3+3ax)\cdot 6x}{(3x^2+a)^2}=\frac{3(x^2-a)^2}{(3x^2+a)^2},$$

$$\varphi''(x)=\frac{3(x^2-a)\cdot 2x(3x^2+a)^2-3(x^2-a)^2 2(3x^2+a)\cdot 6x}{(3x^2+a)^4}=\frac{6x(3x^2-7a)(x^2-a)}{(3x^2+a)^3},$$

$$\varphi'''(x)=\frac{(-90x^4+180ax^2-42a^2)(3x^2+a^3)-(-18x^5+60ax^3-42a^2x)\cdot 3(3x^2+a)^2\cdot 6x}{(3x^2+a)^6},$$

所以 $\varphi'(\sqrt{a})=0,\varphi''(\sqrt{a})=0,\varphi'''(\sqrt{a})=\frac{3}{2a}\neq 0$,因而迭代法是计算$\sqrt{a}$的三阶方法,即

$$\frac{e_{k+1}}{e_k^3}\to\frac{\varphi^{(3)}(x^*)}{3!},$$

亦即

$$\lim_{k\to\infty}\frac{\sqrt{a}-x_{k+1}}{(\sqrt{a}-x_k)^3}=\frac{1}{3!}\cdot\frac{3}{2a}=\frac{1}{4a}.$$

16. 用抛物线法求多项式 $p(x)=4x^4-10x^3+1.25x^2+5x+1.5$ 的两个零点,再利用降阶求出全部零点.

解　先用抛物线法求方程的根，取 $x_0=0.5, x_1=-0.5, x_2=0$，计算到 $|f(x_i)|<10^{-5}$. 计算公式为

$$x_{k+1}=x_k-\frac{2f(x_k)}{\omega\pm\sqrt{\omega^2-4f(x_k)f[x_k,x_{k-1},x_{k-2}]}},\quad k=2,3,\cdots,$$

式中 $\omega=f[x_k,x_{k-1}]+f[x_k,x_{k-1},x_{k-2}](x_k-x_{k-1})$，迭代时为选取较接近 x_k 的值作为新的近似根 x_{k+1}，只需将根式前的符号取与 ω 的符号相同即可.

结果如下表：

$x_0=0.5, x_1=-0.5, x_2=0$		
i	x_i	$p(x_i)$
3	$-0.555\,556+0.598\,352\mathrm{i}$	$-7.350\,2-0.9747\mathrm{i}$
4	$-0.130\,731-0.149\,568\mathrm{i}$	$0.768\,346-0.657\,379\mathrm{i}$
5	$0.231\,289+0.085\,954\mathrm{i}$	$0.475\,831+0.233\,812\mathrm{i}$
6	$-0.315\,071+0.120\,668\mathrm{i}$	$0.211\,247+0.114\,972\mathrm{i}$
7	$-0.366\,514+0.169\,927\mathrm{i}$	$-0.043\,473-0.046\,887\mathrm{i}$
8	$-0.355\,735+0.162\,640\mathrm{i}$	$0.839\,904\times10^{-3}+0.146\,939\times10^{-2}\mathrm{i}$
9	$-0.356\,061+0.162\,758\mathrm{i}$	$0.133\,117\times10^{-7}+0.384\,411\times10^{-7}\mathrm{i}$

求得根为 $-0.356\,061\pm0.162\,758\mathrm{i}$，从而有

$$p(x)=4(x^2+0.712\,124x+0.153\,270)(x^2-3.212\,124x+2.446\,662).$$

再由 $x^2-3.212\,124x+2.446\,662=0$，求得另外两根为

$$x_3=1.241\,681\,5,\quad x_4=1.970\,443.$$

对原方程 $p(x)=0$，分别以这两根为初值，用牛顿法迭代一次，得更精确的根

$$x_3=1.241\,677\,45,\quad x_4=1.970\,446\,08.$$

17. 非线性方程组 $\begin{cases}3x_1^2-x_2^2=0,\\3x_1x_2^2-x_1^3-1=0\end{cases}$ 在 $(0.4,0.7)^{\mathrm{T}}$ 附近有一个解. 构造一个不动点迭代法，使它能收敛到这个解，并计算精确到 10^{-5}（按 $\|\cdot\|_\infty$）.

解　将方程组化为 $\boldsymbol{x}=\boldsymbol{\Phi}(\boldsymbol{x})$ 的形式，其中

$$\boldsymbol{x}=\begin{pmatrix}x_1\\x_2\end{pmatrix},\quad \boldsymbol{\Phi}(\boldsymbol{x})=\begin{pmatrix}\varphi_1(x)\\\varphi_2(x)\end{pmatrix}=\begin{pmatrix}\dfrac{1}{\sqrt{3}}x_2\\\sqrt{\dfrac{1+x_1^3}{3x_1}}\end{pmatrix}.$$

方法1　设 $\varphi_2(z)=\sqrt{\dfrac{1+z^3}{3z}}$，则 $\varphi_2'(z)=\dfrac{\sqrt{3}}{6}\dfrac{2z^3-1}{\sqrt{z^3(1+z^3)}}$. 取 $\varphi_2'(z)=0$，得 $z=\dfrac{1}{\sqrt[3]{2}}$. 由此可得在 $z\in\left(0,\dfrac{1}{\sqrt[3]{2}}\right)$ 上 $\varphi_2'(z)<0$，在 $z\in\left(\dfrac{1}{\sqrt[3]{2}},+\infty\right)$ 上 $\varphi_2'(z)>0$. 因此 $\varphi_2(z)$ 在 $(0,+\infty)$ 上有最小值 $\varphi_2\left(\dfrac{1}{\sqrt[3]{2}}\right)=\dfrac{1}{\sqrt[3]{2}}\approx0.7937$.

设 $D=\{(x_1,x_2)\mid 0.4\leqslant x_1\leqslant 1,0.7\leqslant x_2\leqslant 1\}$，可以验证，$0.4041\leqslant \varphi_1(\boldsymbol{x})\leqslant 0.5774$，$0.7937\leqslant \varphi_2(\boldsymbol{x})\leqslant \max\{\varphi_2(0.4),\varphi_2(1)\}=\max\{0.8163,0.9417\}=0.9417$，故 $\boldsymbol{x}\in D$ 时，$\boldsymbol{\Phi}(\boldsymbol{x})\in D$.

进一步可得 $\varphi_2''(z)=\dfrac{\sqrt{3}z^2(4z^3+1)}{4\sqrt{z^9(1+z^3)^3}}>0$，故在 $[0.4,1]$ 上 $\varphi_2'(z)$ 为单调递增函数. 由 $\varphi_2'(0.4)=-0.9647$，$\varphi_2'(1)=0.2042$，得当 $z\in[0.4,1]$ 时，$|\varphi_2'(z)|<1$. 于是对于任意的 $\boldsymbol{x},\boldsymbol{y}\in D$，

$$|\varphi_1(\boldsymbol{y})-\varphi_1(\boldsymbol{x})|=\left|\frac{1}{\sqrt{3}}y_2-\frac{1}{\sqrt{3}}x_2\right|=\frac{1}{\sqrt{3}}|y_2-x_2|,$$

$$\begin{aligned}|\varphi_2(\boldsymbol{y})-\varphi_2(\boldsymbol{x})|&=\left|\sqrt{\frac{1+y_1^3}{3y_1}}-\sqrt{\frac{1+x_1^3}{3x_1}}\right|\\&=|\varphi'_2(z)||y_1-x_1|<|y_1-x_1|.\end{aligned}$$

于是有 $\|\boldsymbol{\Phi}(\boldsymbol{y})-\boldsymbol{\Phi}(\boldsymbol{x})\|_1=|\varphi_1(\boldsymbol{y})-\varphi_1(\boldsymbol{x})|+|\varphi_2(\boldsymbol{y})-\varphi_2(\boldsymbol{x})|<\dfrac{1}{\sqrt{3}}|y_2-x_2|+|y_1-x_1|<\|\boldsymbol{y}-\boldsymbol{x}\|_1$，即 $\boldsymbol{\Phi}$ 满足教材中定理 7 的条件，$\boldsymbol{\Phi}$ 在 D 中存在唯一不动点 $\boldsymbol{x}^*$，从 D 内任一点 $\boldsymbol{x}^{(0)}$ 出发的迭代法都收敛于 $\boldsymbol{x}^*$. 可取 $\boldsymbol{x}^{(0)}=(0.4,0.7)^{\mathrm{T}}$ 进行迭代.

方法 2 由于

$$\boldsymbol{\Phi}'(\boldsymbol{x})=\begin{pmatrix}\dfrac{\partial\varphi_1}{\partial x_1} & \dfrac{\partial\varphi_1}{\partial x_2}\\[2mm] \dfrac{\partial\varphi_2}{\partial x_1} & \dfrac{\partial\varphi_2}{\partial x_2}\end{pmatrix}=\begin{pmatrix}0 & \dfrac{1}{\sqrt{3}}\\[2mm] \dfrac{\sqrt{3}(2x_1^3-1)}{6\sqrt{x_1^3(1+x_1^3)}} & 0\end{pmatrix},$$

而由方法 1 可知对一切 $\boldsymbol{x}\in D$，有

$$\left|\frac{\partial\varphi_1}{\partial x_1}\right|=0,\quad \left|\frac{\partial\varphi_1}{\partial x_2}\right|=\frac{1}{\sqrt{3}}<1,\quad \left|\frac{\partial\varphi_2}{\partial x_1}\right|<1,\quad \left|\frac{\partial\varphi_2}{\partial x_2}\right|=0,$$

故 $\|\boldsymbol{\Phi}'(\boldsymbol{x})\|_1=\|\boldsymbol{\Phi}'(\boldsymbol{x})\|_\infty<1$，从而有 $\rho(\boldsymbol{\Phi}'(\boldsymbol{x}))<1$. 而已知在 D 内存在此方程组的解 $\boldsymbol{x}^*$，故 $\rho(\boldsymbol{\Phi}'(\boldsymbol{x}^*))<1$，满足教材中定理 8 的条件，所以存在 $\boldsymbol{x}^*$ 的某个邻域 S，使对任意的 $\boldsymbol{x}^{(0)}\in S$，从 $x^{(0)}$ 出发的迭代法都收敛于 $\boldsymbol{x}^*$. 我们可以尝试着从 $\boldsymbol{x}^{(0)}=(0.4,0.7)^{\mathrm{T}}$ 开始迭代，看是否收敛.

取 $\boldsymbol{x}^{(0)}=(0.4,0.7)^{\mathrm{T}}$，按迭代公式 $\boldsymbol{x}^{(k+1)}=\boldsymbol{\Phi}(\boldsymbol{x}^{(k)})$ 计算结果如下.

k	$x_1^{(k)}$	$x_2^{(k)}$	$\|\boldsymbol{x}^{(1)}-\boldsymbol{x}^{(2)}\|_\infty$	k	$x_1^{(k)}$	$x_2^{(k)}$	$\|\boldsymbol{x}^{(1)}-\boldsymbol{x}^{(2)}\|_\infty$
0	0.4	0.7		12	0.499 836	0.865 755	$1.352\,119\times10^{-5}$
4	0.487 052	0.844 641	0.001 043	16	0.499 982	0.865 995	$1.503\,210\times10^{-6}$
8	0.498 528	0.863 598	$1.210\,729\times10^{-4}$	20	0.499 998	0.866 022	$1.670\,338\times10^{-7}$

18. 用牛顿法解方程组 $\begin{cases}x^2+y^2=4,\\x^2-y^2=1,\end{cases}$ 取 $\boldsymbol{x}^{(0)}=(1.6,1.2)^{\mathrm{T}}$.

解 记 $f_1(x,y)-x^2+y^3-4$，$f_2(x,y)=x^2-y^2-1$，则

$$\boldsymbol{F}'(x,y)=\begin{bmatrix}2x & 2y\\ 2x & -2y\end{bmatrix},\quad [\boldsymbol{F}'(x,y)]^{-1}=\begin{bmatrix}\dfrac{1}{4x} & \dfrac{1}{4x}\\ \dfrac{1}{4y} & -\dfrac{1}{4y}\end{bmatrix},$$

牛顿法迭代公式为

$$\begin{pmatrix}x^{(k+1)}\\ y^{(k+1)}\end{pmatrix}=\begin{pmatrix}x^{(k)}\\ y^{(k)}\end{pmatrix}-[\boldsymbol{F}'(x^{(k)},y^{(k)})]^{-1}\begin{pmatrix}f_1(x^{(k)},y^{(k)})\\ f_2(x^{(k)},y^{(k)})\end{pmatrix},$$

代入初值$(x^{(0)},y^{(0)})^{\mathrm{T}}=(1.6,1.2)^{\mathrm{T}}$,得

$$\begin{pmatrix}x^{(1)}\\ y^{(1)}\end{pmatrix}=\begin{pmatrix}1.581\,250\,000\\ 1.225\,000\,000\end{pmatrix},\quad \begin{pmatrix}x^{(2)}\\ y^{(2)}\end{pmatrix}=\begin{pmatrix}1.581\,138\,834\\ 1.224\,744\,898\end{pmatrix},$$

$$\begin{pmatrix}x^{(3)}\\ y^{(3)}\end{pmatrix}=\begin{pmatrix}1.581\,138\,830\\ 1.224\,744\,871\end{pmatrix},\quad \begin{pmatrix}x^{(4)}\\ y^{(4)}\end{pmatrix}=\begin{pmatrix}1.581\,138\,830\\ 1.224\,744\,871\end{pmatrix}.$$

第 8 章　矩阵特征值计算

复习与思考题解答

1. 什么是矩阵 $\boldsymbol{A}$ 的特征值和特征向量？什么是对角矩阵的特征值和特征向量？举例说明.

答　设矩阵 $\boldsymbol{A}\in\mathbb{R}^{n\times n}$，若有 $\lambda\in\mathbb{C}$ 和非零向量 $\boldsymbol{x}\in\mathbb{R}^n$，使 $\boldsymbol{Ax}=\lambda\boldsymbol{x}$，则称 λ 为矩阵 $\boldsymbol{A}$ 的特征值，$\boldsymbol{x}$ 为矩阵 $\boldsymbol{A}$ 的属于特征值 λ 的特征向量.

对角矩阵的特征值为其各对角元素，对应的特征向量为单位矩阵的相应各列.

例如对角矩阵 $\mathrm{diag}(2,3,4)$，特征值为 $2,3,4$，对应的特征向量为 $(1,0,0)^{\mathrm{T}},(0,1,0)^{\mathrm{T}},(0,0,1)^{\mathrm{T}}$.

2. 什么是矩阵 $\boldsymbol{A}$ 的格什戈林圆盘？它与 $\boldsymbol{A}$ 的特征值有何关系？什么是矩阵 $\boldsymbol{A}$ 的瑞利商？

答　设 $\boldsymbol{A}=(a_{ij})_{n\times n}$，令(1) $r_i=\sum\limits_{\substack{j=1\\j\neq i}}^{n}|a_{ij}|\ (i=1,2,\cdots,n)$；(2) 集合 $D_i=\{z\,|\,|z-a_{ii}|\leqslant r_i, z\in\mathbb{C}\}$. 则称复平面上以 a_{ii} 为圆心，以 r_i 为半径的所有圆盘为矩阵 $\boldsymbol{A}$ 的格什戈林圆盘.

关于 $\boldsymbol{A}$ 的特征值有：(1) $\boldsymbol{A}$ 的每一个特征值必属于下述某个圆盘之中

$$|\lambda-a_{ii}|\leqslant r_i=\sum_{\substack{j=1\\j\neq i}}^{n}|a_{ij}|,\quad i=1,2,\cdots,n.$$

或者说，$\boldsymbol{A}$ 的特征值都在复平面上 n 个圆盘的并集中.

(2) 如果 $\boldsymbol{A}$ 有 m 个圆盘连成一个连通的并集 S，且 S 与余下 $n-m$ 个圆盘是分离的，则 S 内恰包含 $\boldsymbol{A}$ 的 m 个特征值. 特别地，若 $\boldsymbol{A}$ 的一个圆盘 D_i 是与其他圆盘分离的(即孤立圆盘)，则 D_i 中精确地包含 $\boldsymbol{A}$ 的一个特征值.

设 $\boldsymbol{A}=(a_{ij})_{n\times n}$，记 $R(\boldsymbol{x})=\dfrac{(\boldsymbol{Ax},\boldsymbol{x})}{(\boldsymbol{x},\boldsymbol{x})}$，$\boldsymbol{x}\neq\boldsymbol{0}$，称为矩阵 $\boldsymbol{A}$ 的瑞利商.

3. 什么是求解特征值问题的条件数？它与求解线性方程组问题的条件数是否相同？两者间的区别是什么？实对称矩阵的特征值问题总是良态吗？

答　称 $\nu(\boldsymbol{A})=\inf\{\mathrm{cond}(\boldsymbol{P})\,|\,\boldsymbol{P}^{-1}\boldsymbol{AP}=\mathrm{diag}(\lambda_1,\lambda_2,\cdots,\lambda_n)\}$ 为特征值问题的条件数. 特征值问题的条件数可以度量当矩阵 $\boldsymbol{A}$ 有微小变化时特征值的敏感性，它和解线性方程组时的矩阵条件数是两个不同的概念，对于一个矩阵 $\boldsymbol{A}$，二者可能一大一小. 对于给定矩阵来说，不同特征值和特征向量对矩阵的扰动程度也不同. 实矩阵的特征值问题并不总是良态的.

4. 什么是幂法？它收敛到矩阵 $\boldsymbol{A}$ 的哪个特征向量？若 $\boldsymbol{A}$ 的主特征值 λ_1 为单的，用幂法计算 λ_1 的收敛速度由什么量决定？怎样改进幂法的收敛速度？

答　幂法是一种计算矩阵主特征值及对应的特征向量的迭代方法. 若 $\boldsymbol{A}$ 的主特征值是单的且满足条件

$$|\lambda_1|>|\lambda_2|\geqslant|\lambda_3|\geqslant\cdots\geqslant|\lambda_n|,$$

则幂法收敛到 λ_1 的速度由比值 $r=\left|\frac{\lambda_2}{\lambda_1}\right|$ 来决定，r 越小收敛越快，当 $r=\left|\frac{\lambda_2}{\lambda_1}\right|\approx 1$ 时收敛就很慢.

改进幂法的收敛速度可以采用原点平移法或瑞利商加速方法. 所谓原点平移法就是适当选择参数 p，引进矩阵 $\boldsymbol{B}=\boldsymbol{A}-p\boldsymbol{I}$，使 λ_1-p 仍是 $\boldsymbol{B}$ 的主特征值且使

$$\left|\frac{\lambda_2-p}{\lambda_1-p}\right|<\left|\frac{\lambda_2}{\lambda_1}\right|,$$

对 $\boldsymbol{B}$ 使用幂法，使得在计算 $\boldsymbol{B}$ 的主特征值 λ_1-p 的过程中得到加速. 瑞利商加速是在 $\boldsymbol{A}$ 对称的前提下利用 λ_1 与瑞利商极值的关系（本章定理 4），用幂法计算过程中的规范化向量 $\boldsymbol{u}_k$ 的瑞利商给出 λ_1 的近似，即

$$\frac{(\boldsymbol{A}\boldsymbol{u}_k,\boldsymbol{u}_k)}{(\boldsymbol{u}_k,\boldsymbol{u}_k)}=\lambda_1+O\left(\left(\frac{\lambda_2}{\lambda_1}\right)^{2k}\right).$$

5. 反幂法收敛到矩阵 $\boldsymbol{A}$ 的哪个特征向量？在幂法或反幂法中，为什么每步都要将迭代向量规范化？

答　反幂法收敛到矩阵按模最小的特征值及其特征向量. 在幂法或反幂法中每步迭代都要将迭代向量规范化，以幂法为例，如果 $|\lambda_1|>1$（或 $|\lambda_1|<1$），那么迭代向量 $\boldsymbol{v}_k$ 的各个不为零的分量将随 $k\to\infty$ 而趋向无穷（或趋于零），这样在计算机实现时就可能“溢出”，因而，每步迭代需要将 $\boldsymbol{v}_k$ 规范化.

6. 什么是豪斯霍尔德变换？它有哪些重要性质？

答　设向量 $w\in\mathbb{R}^n$，且 $\boldsymbol{w}^{\mathrm{T}}\boldsymbol{w}=1$，称矩阵 $\boldsymbol{H}(\boldsymbol{w})=\boldsymbol{I}-2\boldsymbol{w}\boldsymbol{w}^{\mathrm{T}}$ 为初等反射阵，也称为豪斯霍尔德变换，豪斯霍尔德变换 $\boldsymbol{H}$ 具有以下性质：

(1) $\boldsymbol{H}$ 是对称阵，即 $\boldsymbol{H}^{\mathrm{T}}=\boldsymbol{H}$.

(2) $\boldsymbol{H}$ 是正交阵，即 $\boldsymbol{H}^{-1}=\boldsymbol{H}$.

(3) 若 $\boldsymbol{A}$ 为对称阵，则 $\boldsymbol{A}_1=\boldsymbol{H}^{-1}\boldsymbol{A}\boldsymbol{H}=\boldsymbol{H}\boldsymbol{A}\boldsymbol{H}$ 也是对称阵.

7. 什么是吉文斯变换？它有什么重要性质？

答　称 $\mathbb{R}^n$ 中的变换

$$\boldsymbol{P}(i,j,\theta)=\begin{pmatrix}1&&&&&&&&\\&\ddots&&&&&&&\\&&1&&&&&&\\&&&\cos\theta&\cdots&\sin\theta&&&\\&&&\vdots&1&\vdots&&&\\&&&\vdots&\ddots&\vdots&&&\\&&&&1&&&&\\&&&-\sin\theta&\cdots&\cos\theta&&&\\&&&&&&1&&\\&&&&&&&\ddots&\\&&&&&&&&1\end{pmatrix}\begin{matrix}\\\\\\i\\\\\\\\j\\\\\\\\\end{matrix}$$

为$\mathbb{R}^n$中平面$\{x_i,x_j\}$的旋转变换，也称吉文斯变换．吉文斯变换$\boldsymbol{P}(i,j,\theta)$具有以下性质：

(1) $\boldsymbol{P}$与单位矩阵$\boldsymbol{I}$只是在(i,i)，(i,j)，(j,i)，(j,j)位置元素不一样，其他相同．

(2) $\boldsymbol{P}$为正交矩阵，即$\boldsymbol{P}^{-1}=\boldsymbol{P}^{\mathrm{T}}$．

(3) $\boldsymbol{P}(i,j)\boldsymbol{A}$(即左乘)只需计算第$i$行与第$j$行元素，其他不变．

(4) $\boldsymbol{AP}(i,j)$(即右乘)只需计算第i列与第j列元素，其他不变．

8．对$n>3$的矩阵，一般都不利用求特征多项式的根计算其特征值，为什么？

答 求$\boldsymbol{A}$的特征值问题$\boldsymbol{Ax}=\lambda\boldsymbol{x}$等价于求矩阵$\boldsymbol{A}$的特征方程

$$P(\lambda)=\det(\lambda\boldsymbol{I}-\boldsymbol{A})=0$$

的根，当矩阵$\boldsymbol{A}$的阶数$=2,3$时，可以按行列式展开的方法求得特征方程$P(\lambda)=0$并进而求得其根．但当n较大，如$n>3$时，如果按展开行列式的方法，首先需求出$P(\lambda)$的系数，再求$P(\lambda)$的根，工作量就非常大，而且高次多项式的求根一般是不稳定的，因此，用这种办法求矩阵特征值是不切实际的，通常都是采用数值方法．

9．用一次QR分解可将一般矩阵约化成三角形式，而三角矩阵的特征值恰为其对角元素，能否通过这一过程得到原始矩阵的特征值？为什么？

答 设矩阵$\boldsymbol{A}$的QR分解为$\boldsymbol{A}=\boldsymbol{QR}$，虽然三角矩阵$\boldsymbol{R}$的特征值恰为其对角元素，但由于$\boldsymbol{R}=\boldsymbol{Q}^{\mathrm{T}}\boldsymbol{A}$，所以$\boldsymbol{R}$的特征值并不等于$\boldsymbol{A}$的特征值，也就是说不能通过这一过程得到原始矩阵的特征值．

10．为什么使用QR迭代计算矩阵特征值时要先将它化为上海森伯格矩阵或三对角矩阵？为什么不能约化到三角矩阵？

答 在实际进行QR迭代时，为了减少每次迭代的计算量，通常先将原矩阵$\boldsymbol{A}$经相似变换约化为上海森伯格矩阵，当矩阵$\boldsymbol{A}$对称时，可约化为三对角矩阵，然后再对约化后的矩阵进行QR迭代．

由于实矩阵的特征值可能有复数，所以不能用正交相似变换约化为上三角阵或对角阵，此时若想约化到三角阵或对角阵，需要使用酉相似变换，这样就需要复数运算．

11．求矩阵$\boldsymbol{A}$特征值的QR迭代时，具体收敛到哪种矩阵是由$\boldsymbol{A}$的哪种性质决定的？

答 设$\boldsymbol{A}\in\mathbb{R}^{n\times n}$，且$\boldsymbol{A}$有完备的特征向量集合，如果$\boldsymbol{A}$的等模特征值中只有实重特征值或多重复的共轭特征值，则由QR算法产生的$\{\boldsymbol{A}_k\}$本质收敛于分块上三角阵(对角块为一阶和二阶子块)且对角块中每一个2×2子块给出$\boldsymbol{A}$的一对共轭复特征值，每一个一阶对角子块给出$\boldsymbol{A}$的实特征值．因此具体收敛到哪种矩阵是由$\boldsymbol{A}$的特征值的组成形式决定的．

12．判断下列命题是否正确？

(1) 对应于给定特征值的特征向量是唯一的．

(2) 实矩阵的特征值一定是实的．

(3) 每个n阶矩阵都有n个线性无关的特征向量．

(4) n阶矩阵奇异的充分必要条件是0不是特征值．

(5) 任意n阶矩阵一定与某个对角矩阵相似．

(6) 两个n阶矩阵的特征值相同，则它们一定相似．

(7) 如果两个矩阵相似,则它们一定有相同的特征向量.

(8) 若矩阵 A 的所有特征值 λ 都是 0,则 A 是零矩阵.

(9) 若 n 阶矩阵的特征值互异,则对 A 进行 QR 迭代一定收敛到对角矩阵.

(10) 对称的上海森伯格矩阵一定是三对角矩阵.

答　(1) 错. 对应于一个特征值的特征向量可以有无穷多个,因为如果 $\boldsymbol{x}$ 为一个特征向量,其任意非零常数倍仍然是特征向量.

(2) 错. 实对称矩阵的特征值不一定是实的. 一般的实矩阵可能存在复特征值.

(3) 错. 只有与对角矩阵相似的矩阵才有此性质.

(4) 错. n 阶矩阵非奇异的充分必要条件是 0 不是其特征值.

(5) 错. 如 $\begin{pmatrix} 1 & 1 \\ 0 & 1 \end{pmatrix}$ 就不能与任意的对角矩阵相似.

(6) 错. 如矩阵 $\begin{pmatrix} 1 & 0 \\ 0 & 1 \end{pmatrix}$ 与矩阵 $\begin{pmatrix} 1 & 1 \\ 0 & 1 \end{pmatrix}$ 的特征值相同,都是 1,但此二矩阵不相似.

(7) 错. 两个矩阵相似,只能得出它们的特征值相同,得不出特征向量相同的结论.

(8) 错. 如矩阵 $\begin{pmatrix} 0 & 1 \\ 0 & 0 \end{pmatrix}$ 的特征值都是零,但此矩阵为非零矩阵.

(9) 错. 若 n 阶矩阵的特征值的绝对值互异,则对其进行 QR 迭代一定收敛到对角矩阵. 否则得不出上面的结论. 例如,如果矩阵存在复共轭的特征值,则对其进行 QR 迭代只能收敛到块对角矩阵.

(10) 对. 这可由上海森伯格矩阵及对称矩阵的定义得出.

习题解答

1. 利用格什戈林圆盘定理估计下面矩阵特征值的界:

$$(1)\ \begin{bmatrix} -1 & 0 & 0 \\ -1 & 0 & 1 \\ -1 & -1 & 2 \end{bmatrix};\qquad (2)\ \begin{bmatrix} 4 & -1 & & & \\ -1 & 4 & -1 & & \\ & \ddots & \ddots & \ddots & \\ & & -1 & 4 & -1 \\ & & & -1 & 4 \end{bmatrix}.$$

解　(1) 根据格什戈林圆盘定理,特征值 λ_i 位于圆盘

$$D_1:|\lambda+1|\leqslant 0,\quad D_2:|\lambda|\leqslant 2,\quad D_3:|\lambda-2|\leqslant 2$$

的并集中,因而 $\lambda_1=-1,\lambda_{2,3}\in\{z\,|\,|z|\leqslant 2, z\in\mathbb{C}\}\cup\{z\,|\,|z-2|\leqslant 2, z\in\mathbb{C}\}$.

(2) 矩阵对称,特征值均为实数. 根据格什戈林圆盘定理,特征值 λ_i 位于圆盘

$$|\lambda_i-4|\leqslant 2$$

内,即 $2\leqslant\lambda_i\leqslant 6\,(i=1,2,\cdots,n)$.

2. 计算如下矩阵的特征值与特征向量. 它们是否相似于对角矩阵?

(1) $\begin{pmatrix}2 & -3 & 6\\0 & 3 & -4\\0 & 2 & -3\end{pmatrix}$； (2) $\begin{pmatrix}2 & 0 & 1\\0 & 2 & 0\\1 & 0 & 2\end{pmatrix}$； (3) $\begin{pmatrix}1 & 0 & 0\\-1 & 0 & 1\\-1 & -1 & 2\end{pmatrix}$.

解 (1) $\boldsymbol{A}=\begin{pmatrix}2 & -3 & 6\\0 & 3 & -4\\0 & 2 & -3\end{pmatrix}$,由其特征多项式

$$|\lambda\boldsymbol{I}-\boldsymbol{A}|=\begin{vmatrix}\lambda-2 & 3 & -6\\0 & \lambda-3 & 4\\0 & -2 & \lambda+3\end{vmatrix}=0,$$

即

$$(\lambda-2)(\lambda^2-9)+8(\lambda-2)=0,$$

得

$$\lambda_1=2,\quad \lambda_2=1,\quad \lambda_3=-1,$$

该矩阵有3个互异的实特征值,故相似于对角矩阵.

将 $\lambda_1=2$,代入特征方程 $\boldsymbol{Ax}=\lambda_1\boldsymbol{x}$,得 $\boldsymbol{x}^{(1)}=(1,0,0)^{\mathrm{T}}$.

将 $\lambda_2=1$,代入特征方程 $\boldsymbol{Ax}=\lambda_2\boldsymbol{x}$,得 $\boldsymbol{x}^{(2)}=(0,2,1)^{\mathrm{T}}$.

将 $\lambda_3=-1$,代入特征方程 $\boldsymbol{Ax}=\lambda_3\boldsymbol{x}$,得 $\boldsymbol{x}^{(3)}=(-1,1,1)^{\mathrm{T}}$.

(2) $\boldsymbol{A}=\begin{pmatrix}2 & 0 & 1\\0 & 2 & 0\\1 & 0 & 2\end{pmatrix}$,由其特征多项式

$$|\lambda\boldsymbol{I}-\boldsymbol{A}|=\begin{vmatrix}\lambda-2 & 0 & -1\\0 & \lambda-2 & 0\\-1 & 0 & \lambda-2\end{vmatrix}=0,$$

即

$$(\lambda-2)^3-(\lambda-2)=0,$$

得

$$\lambda_1=2,\quad \lambda_2=3,\quad \lambda_3=1,$$

该矩阵有3个互异的实特征值,故相似于对角矩阵.

将 $\lambda_1=2$,代入特征方程 $\boldsymbol{Ax}=\lambda_1\boldsymbol{x}$,得 $\boldsymbol{x}^{(1)}=(0,1,0)^{\mathrm{T}}$.

将 $\lambda_2=3$,代入特征方程 $\boldsymbol{Ax}=\lambda_2\boldsymbol{x}$,得 $\boldsymbol{x}^{(2)}=(1,0,1)^{\mathrm{T}}$.

将 $\lambda_3=1$,代入特征方程 $\boldsymbol{Ax}=\lambda_3\boldsymbol{x}$,得 $\boldsymbol{x}^{(3)}=(1,0,-1)^{\mathrm{T}}$.

(3) $\boldsymbol{A}=\begin{pmatrix}1 & 0 & 0\\-1 & 0 & 1\\-1 & -1 & 2\end{pmatrix}$,由其特征多项式

$$|\lambda\boldsymbol{I}-\boldsymbol{A}|=\begin{vmatrix}\lambda-1 & 0 & 0\\1 & \lambda & -1\\1 & 1 & \lambda-2\end{vmatrix}=0,$$

即

$$\lambda(\lambda-1)(\lambda-2)+(\lambda-1)=0,$$

得

$$\lambda_1=\lambda_2=\lambda_3=1.$$

将 $\lambda_1=1$,代入特征方程 $\boldsymbol{Ax}=\lambda_1\boldsymbol{x}$,得两个线性无关的特征向量 $\boldsymbol{x}^{(1)}=(1,0,1)^{\mathrm{T}}$,$\boldsymbol{x}^{(2)}=(0,1,1)^{\mathrm{T}}$,故该矩阵不相似于对角矩阵.

3. 用幂法计算下列矩阵的主特征值及对应的特征向量:

(1) $\boldsymbol{A}_1=\begin{pmatrix}7&3&-2\\3&4&-1\\-2&-1&3\end{pmatrix}$;　　(2) $\boldsymbol{A}_2=\begin{pmatrix}3&-4&3\\-4&6&3\\3&3&1\end{pmatrix}$.

当特征值有 3 位小数稳定时迭代终止.

解　(1) 用幂法公式

$$\boldsymbol{u}_0\neq\boldsymbol{0},\quad \boldsymbol{v}_k=\boldsymbol{A}\boldsymbol{u}_{k-1},\quad \boldsymbol{u}_k=\frac{\boldsymbol{v}_k}{\max(\boldsymbol{v}_k)},\quad k=1,2,\cdots,$$

取 $\boldsymbol{u}_0=(1,1,1)^{\mathrm{T}}\neq\boldsymbol{0}$,将 $\boldsymbol{A}_1$ 代入公式,计算结果见下表.

k	$\boldsymbol{u}_k^{\mathrm{T}}$	$\max(\boldsymbol{v}_k)$
1	(1,0.75,0)	8
2	(1,0.648 648 649,−0.297 297 297)	9.25
4	(1,0.608 798 347,−0.388 839 681)	9.594 900 850
6	(1,0.605 776 832,−0.394 120 752)	9.605 429 002
7	(1,0.605 609 752,−0.394 368 924)	9.605 572 002

即 $\boldsymbol{A}_1$ 的主特征值 $\lambda_1\approx9.605\,572$,特征向量 $\boldsymbol{x}_1\approx(1,0.605\,610,-0.394\,369)^{\mathrm{T}}$.

(2) 取 $\boldsymbol{u}_0=(1,1,1)^{\mathrm{T}}\neq\boldsymbol{0}$,将 $\boldsymbol{A}_2$ 代入公式,计算结果见下表.

k	$\boldsymbol{u}_k^{\mathrm{T}}$	$\max(\boldsymbol{v}_k)$
1	(0.285 714 286,0.714 285 714,1)	7
2	(0.162 790 698,1,0.651 162 791)	6.142 857 143
5	(−0.476 667 405,1,0.275 116 331)	8.400 967 982
10	(0.598 164 195,1,0.155 993 744)	8.855 264 597
16	(−0.604 221 865,1,0.150 937 317)	8.869 534 947
17	(−0.604 288 082,1,0.150 881 294)	8.869 699 412

即 $\boldsymbol{A}_2$ 的主特征值 $\lambda_1\approx8.869\,699$,特征向量 $\boldsymbol{x}_1\approx(-0.604\,288,1,0.150\,881)^{\mathrm{T}}$.

4. 利用反幂法求矩阵

$$\begin{pmatrix}6&2&1\\2&3&1\\1&1&1\end{pmatrix}$$

的最接近于 6 的特征值及对应的特征向量.

解 取 $p=6$,将矩阵

$$\boldsymbol{B}=\boldsymbol{A}-p\boldsymbol{I}=\begin{pmatrix}0 & 2 & 1\\ 2 & -3 & 1\\ 1 & 1 & -5\end{pmatrix}$$

进行三角分解,得 $\boldsymbol{PB}=\boldsymbol{LU}$,其中

$$\boldsymbol{P}=\begin{pmatrix}0 & 1 & 0\\ 0 & 0 & 1\\ 1 & 0 & 0\end{pmatrix},\quad \boldsymbol{L}=\begin{pmatrix}1 & & \\ \dfrac{1}{2} & 1 & \\ 0 & \dfrac{4}{5} & 1\end{pmatrix},\quad \boldsymbol{U}=\begin{pmatrix}2 & -3 & 1\\ 0 & \dfrac{5}{2} & -\dfrac{11}{2}\\ 0 & 0 & \dfrac{27}{5}\end{pmatrix},$$

解 $\boldsymbol{U}\boldsymbol{v}_1=(1,1,1)^{\mathrm{T}}$,得

$$\boldsymbol{v}_1=(1.618\,518\,518,0.807\,407\,407,0.185\,185\,185)^{\mathrm{T}},$$

$$u_1=\frac{\boldsymbol{v}_1}{\max(\boldsymbol{v}_1)}=(1,0.498\,855\,835,0.114\,416\,475)^{\mathrm{T}},$$

依迭代公式:

$$\begin{aligned}
\boldsymbol{L}\boldsymbol{y}_k&=\boldsymbol{P}\boldsymbol{u}_{k-1},\\
\boldsymbol{U}\boldsymbol{v}_k&=\boldsymbol{y}_k,\\
\mu_k&=\max(\boldsymbol{v}_k),\\
\boldsymbol{u}_k&=\frac{\boldsymbol{v}_k}{\mu_k},\\
\lambda&=p+\frac{1}{\mu_k},
\end{aligned}$$

计算结果如下:

$$\begin{aligned}
&k=2,\\
&\boldsymbol{y}_2=(0.498\,855\,835,-0.135\,011\,442,1.108\,009\,154)^{\mathrm{T}},\\
&\boldsymbol{v}_2=(0.742\,944\,316,0.397\,406\,559,0.205\,186\,88)^{\mathrm{T}},\\
&\mu_2=0.742\,944\,316,\\
&\boldsymbol{u}_2=(1,0.534\,907\,597,0.276\,180\,698)^{\mathrm{T}},\\
&\lambda=7.345\,995\,896.\\
&\vdots\\
&k=6,\\
&\boldsymbol{y}_6=(0.522\,506\,89,-0.019\,568\,109,1.015\,654\,488)^{\mathrm{T}},\\
&\boldsymbol{v}_6=(0.776\,020\,139,0.405\,957\,918,0.188\,084\,164)^{\mathrm{T}},\\
&\mu_6=0.776\,020\,139,\\
&\boldsymbol{u}_6=(1,0.523\,120\,87,0.242\,370\,209)^{\mathrm{T}},\\
&\lambda=7.288\,626\,351.
\end{aligned}$$

$$k = 7,$$
$$\boldsymbol{y}_7 = (0.523\,128\,07, -0.019\,193\,826, 1.015\,355\,061)^{\mathrm{T}},$$
$$\boldsymbol{v}_7 = (0.776\,528\,141, 0.405\,985\,642, 0.188\,028\,715)^{\mathrm{T}},$$
$$\mu_7 = 0.776\,528\,141,$$
$$\boldsymbol{u}_7 = (1, 0.522\,821\,544, 0.242\,140\,245)^{\mathrm{T}},$$
$$\lambda = 7.287\,783\,336.$$

从而 $\lambda \approx 7.288$，特征向量 $\boldsymbol{x} \approx (1, 0.5229, 0.2433)^{\mathrm{T}}$.

5. 求矩阵

$$\begin{pmatrix} 4 & 0 & 0 \\ 0 & 3 & 1 \\ 0 & 1 & 3 \end{pmatrix}$$

与特征值 4 对应的特征向量.

解　该矩阵的特征值为 4,4,2. 故可用幂法求与特征值 4 对应的特征向量.

取 $\boldsymbol{u}_0 = (1,1,1)^{\mathrm{T}}$，用幂法计算得

$$\boldsymbol{v}_1 = (4,4,4)^{\mathrm{T}}, \quad \boldsymbol{u}_1 = (1,1,1)^{\mathrm{T}},$$
$$\boldsymbol{v}_2 = (4,4,4)^{\mathrm{T}}, \quad \boldsymbol{u}_2 = (1,1,1)^{\mathrm{T}},$$

故与特征值 4 对应的特征向量为 $(1,1,1)^{\mathrm{T}}$.

6. (1) 设 $\boldsymbol{A}$ 是对称矩阵，λ 和 $\boldsymbol{x}(\|\boldsymbol{x}\|_2 = 1)$ 是 $\boldsymbol{A}$ 的一个特征值及相应的特征向量. 又设 $\boldsymbol{P}$ 为一个正交矩阵，使

$$\boldsymbol{Px} = \boldsymbol{e}_1 = (1, 0, \cdots, 0)^{\mathrm{T}}.$$

证明 $\boldsymbol{B} = \boldsymbol{PAP}^{\mathrm{T}}$ 的第 1 行和第 1 列除了 λ 外其余元素均为零.

(2) 对于矩阵

$$\boldsymbol{A} = \begin{pmatrix} 2 & 10 & 2 \\ 10 & 5 & -8 \\ 2 & -8 & 11 \end{pmatrix},$$

$\lambda = 9$ 是其特征值，$\boldsymbol{x} = \left(\frac{2}{3}, \frac{1}{3}, \frac{2}{3}\right)^{\mathrm{T}}$ 是相应于 9 的特征向量，试求一初等反射矩阵 $\boldsymbol{P}$，使 $\boldsymbol{Px} = \boldsymbol{e}_1$，并计算 $\boldsymbol{B} = \boldsymbol{PAP}^{\mathrm{T}}$.

证明　(1) 因为 $\boldsymbol{B} = \boldsymbol{PAP}^{\mathrm{T}}$，$\boldsymbol{A}$ 是对称矩阵，所以 $\boldsymbol{B}^{\mathrm{T}} = (\boldsymbol{PAP}^{\mathrm{T}})^{\mathrm{T}} = \boldsymbol{PAP}^{\mathrm{T}}$，即 $\boldsymbol{B}$ 为对称矩阵.

又因为 λ 和 $\boldsymbol{x}$ 是 $\boldsymbol{A}$ 的特征值及相应的特征向量，所以 $\boldsymbol{Ax} = \lambda\boldsymbol{x}$，而 $\boldsymbol{P}$ 为正交矩阵且 $\boldsymbol{Px} = \boldsymbol{e}_1$，所以 $\boldsymbol{Be}_1 = \boldsymbol{PAP}^{\mathrm{T}}\boldsymbol{Px} = \boldsymbol{PAx} = \lambda\boldsymbol{Px} = \lambda\boldsymbol{e}_1$，即 $\boldsymbol{Be}_1 = \lambda\boldsymbol{e}_1$，故

$$b_{21} = b_{31} = \cdots = b_{n1} = 0,$$

由 $\boldsymbol{B}$ 的对称性，得 $b_{12} = b_{13} = \cdots = b_{1n} = 0$，从而得证.

(2) 根据反射阵的几何意义，取向量 $\boldsymbol{u} = \boldsymbol{x} - \boldsymbol{e}_1$ 作为反射镜面的法向量即可将 $\boldsymbol{x}$ 变为 $\boldsymbol{e}_1$.

因为 $\boldsymbol{x} = \left(\frac{2}{3}, \frac{1}{3}, \frac{2}{3}\right)^{\mathrm{T}}$，所以 $\boldsymbol{u} = \left(-\frac{1}{3}, \frac{1}{3}, \frac{2}{3}\right)^{\mathrm{T}}$，反射阵

$$P = I - 2\frac{uu^{\mathrm{T}}}{\|u\|_2^2} = \begin{pmatrix} \frac{2}{3} & \frac{1}{3} & \frac{2}{3} \\ \frac{1}{3} & \frac{2}{3} & -\frac{2}{3} \\ \frac{2}{3} & -\frac{2}{3} & -\frac{1}{3} \end{pmatrix},$$

从而

$$B = PAP^{\mathrm{T}} = \begin{pmatrix} 9 & 0 & 0 \\ 0 & 18 & 0 \\ 0 & 0 & -9 \end{pmatrix}.$$

7. 利用初等反射矩阵将

$$A = \begin{pmatrix} 1 & 3 & 4 \\ 3 & 1 & 2 \\ 4 & 2 & 1 \end{pmatrix}$$

正交相似约化为对称三对角矩阵.

解 对向量$(3,4)^{\mathrm{T}}$作反射变换,使其与$e_1'=(1,0)^{\mathrm{T}}$平行. 此时

$$\sigma = \sqrt{3^2+4^2} = 5,\quad u = (8,4)^{\mathrm{T}},\quad \beta = \frac{1}{2}\|u\|_2^2 = 40,$$

$$H_2 = I_2 - \beta^{-1}uu^{\mathrm{T}} = \begin{pmatrix} 1 & 0 \\ 0 & 1 \end{pmatrix} - \frac{1}{40}\begin{pmatrix} 8 \\ 4 \end{pmatrix}(8\quad 4) = \begin{pmatrix} -\frac{3}{5} & -\frac{4}{5} \\ -\frac{4}{5} & \frac{3}{5} \end{pmatrix},$$

所求的反射阵为

$$H = \begin{pmatrix} 1 & 0 & 0 \\ 0 & -\frac{3}{5} & -\frac{4}{5} \\ 0 & -\frac{4}{5} & \frac{3}{5} \end{pmatrix},$$

且

$$HAH^{\mathrm{T}} = \begin{pmatrix} 1 & -5 & 0 \\ -5 & \frac{7}{25} & \frac{14}{25} \\ 0 & \frac{14}{25} & -\frac{23}{25} \end{pmatrix}.$$

8. 设A_{n-1}是由豪斯霍尔德方法得到的矩阵,又设y是A_{n-1}的一个特征向量.

(1) 证明矩阵A对应的特征向量是$x=P_1P_2\cdots P_{n-2}y$;

(2) 对于给出的y应如何计算x?

证明 (1) 因为$A_{n-1}=P_{n-2}P_{n-3}\cdots P_1AP_1\cdots P_{n-3}P_{n-2}$且$y$是$A_{n-1}$的一个特征向量,设对应

的特征值为 λ，则

$$\boldsymbol{A}_{n-1}\boldsymbol{y}=\lambda\boldsymbol{y},$$

因而有

$$\boldsymbol{P}_{n-2}\boldsymbol{P}_{n-3}\cdots\boldsymbol{P}_1\boldsymbol{A}\boldsymbol{P}_1\cdots\boldsymbol{P}_{n-3}\boldsymbol{P}_{n-2}\boldsymbol{y}=\lambda\boldsymbol{y},$$

即

$$\boldsymbol{A}\boldsymbol{P}_1\cdots\boldsymbol{P}_{n-3}\boldsymbol{P}_{n-2}\boldsymbol{y}=\boldsymbol{P}_1\cdots\boldsymbol{P}_{n-3}\boldsymbol{P}_{n-2}\lambda\boldsymbol{y},$$

亦即

$$\boldsymbol{A}(\boldsymbol{P}_1\cdots\boldsymbol{P}_{n-3}\boldsymbol{P}_{n-2}\boldsymbol{y})=\lambda(\boldsymbol{P}_1\cdots\boldsymbol{P}_{n-3}\boldsymbol{P}_{n-2}\boldsymbol{y}),$$

所以 $\boldsymbol{x}=\boldsymbol{P}_1\boldsymbol{P}_2\cdots\boldsymbol{P}_{n-2}\boldsymbol{y}$ 是矩阵 $\boldsymbol{A}$ 的特征向量.

(2) 若已知 $\boldsymbol{y}$，且 $\boldsymbol{P}_1,\boldsymbol{P}_2,\cdots,\boldsymbol{P}_{n-2}$ 可以通过 $\boldsymbol{A}_{n-1}$ 的计算过程得到，则 $\boldsymbol{x}=\boldsymbol{P}_1\boldsymbol{P}_2\cdots\boldsymbol{P}_{n-2}\boldsymbol{y}$.

9. 用带位移的 QR 方法计算.

(1) $\boldsymbol{A}=\begin{pmatrix}1&2&0\\2&-1&1\\0&1&3\end{pmatrix}$，　　(2) $\boldsymbol{B}=\begin{pmatrix}3&1&0\\1&2&1\\0&1&1\end{pmatrix}$

的全部特征值.

解　(1) 记 $\boldsymbol{A}_1=\boldsymbol{A}$，取 $s_k=a_{nn}^{(k)}$ 作为平移因子，则 $s_1=3$，

$$\boldsymbol{P}_{23}\boldsymbol{P}_{12}(\boldsymbol{A}_1-s_1\boldsymbol{I})=\boldsymbol{R}=\begin{pmatrix}2.828\,427\,124&-4.242\,604\,686&0.707\,106\,781\\0&1.732\,050\,806&-0.577\,350\,268\\0&0&0.408\,248\,245\end{pmatrix};$$

$$\boldsymbol{A}_2=\boldsymbol{R}\boldsymbol{P}_{12}^{\mathrm T}\boldsymbol{P}_{23}^{\mathrm T}+s_1\boldsymbol{I}=\boldsymbol{R}=\begin{pmatrix}-2.0&1.224\,744\,87&0\\1.224\,744\,87&1.666\,666\,667&0.235\,702\,26\\0&0.235\,702\,26&3.333\,333\,333\end{pmatrix};$$

$s_2=0.333\,333\,333$，

$$\boldsymbol{P}_{23}\boldsymbol{P}_{12}(\boldsymbol{A}_2-s_2\boldsymbol{I})=\boldsymbol{R}=\begin{pmatrix}5.472\,151\,717&-1.566\,698\,9&0.052\,753\,495\\0&1.370\,688\,834&-0.226\,301\\0&0&0.039\,502\,921\end{pmatrix},$$

$$\boldsymbol{A}_3=\boldsymbol{R}\boldsymbol{P}_{12}^{\mathrm T}\boldsymbol{P}_{23}^{\mathrm T}+s_2\boldsymbol{I}=\boldsymbol{R}=\begin{pmatrix}-2.350\,649\,345&0.306\,779\,526&0\\0.306\,779\,526&1.978\,401\,822&0.006\,792\,831\\0&0.006\,792\,831&3.372\,247\,822\end{pmatrix};$$

$s_3=0.372\,247\,822$，

$$\boldsymbol{P}_{23}\boldsymbol{P}_{12}(\boldsymbol{A}_3-s_3\boldsymbol{I})=\boldsymbol{R}=\begin{pmatrix}5.731\,113\,823&-0.380\,950\,572&0.000\,363\,611\\0&1.375\,442\,892&0.000\,330\,107\\0&0&0.000\,033\,499\end{pmatrix},$$

$$\boldsymbol{A}_4=\boldsymbol{R}\boldsymbol{P}_{12}^{\mathrm T}\boldsymbol{P}_{23}^{\mathrm T}+s_3\boldsymbol{I}=\boldsymbol{R}=\begin{pmatrix}-2.371\,041\,162&0.073\,625\,778&0\\0.073\,625\,77&1.998\,760\,145&0\\0&0&3.372\,281\,32\end{pmatrix}.$$

故 $\boldsymbol{A}$ 有一个特征值 $\lambda_1=3.37228132$. 对 $\boldsymbol{A}_4$ 的子矩阵

$$\widetilde{\boldsymbol{A}}_4=\begin{pmatrix}-2.371041162 & 0.073625778\\ 0.07362577 & 1.998760145\end{pmatrix}$$

继续进行变换,取 $s_4=1.998760145$,得

$$\boldsymbol{P}_{12}(\widetilde{\boldsymbol{A}}_4-s_4\boldsymbol{I})=\boldsymbol{R}=\begin{pmatrix}4.370421512 & -0.073615329\\ 0 & -0.001240327\end{pmatrix},$$

$$\widetilde{\boldsymbol{A}}_5=\boldsymbol{R}\boldsymbol{P}_{12}^{\mathrm{T}}+s_4\boldsymbol{I}=\begin{pmatrix}-2.372281308 & -0.000020895\\ -0.000020895 & 1.998760145\end{pmatrix},$$

因此,另外两个特征值分别为 -2.372281308 和 1.998760145.

(2) 记 $\boldsymbol{A}_1=\boldsymbol{A}$,取 $s_k=a_{nn}^{(k)}$ 作为平移因子,则 $s_1=1$,

$$\boldsymbol{P}_{23}\boldsymbol{P}_{12}(\boldsymbol{A}_1-s_1\boldsymbol{I})=\boldsymbol{R}=\begin{bmatrix}2.236068 & 1.341641 & 0.447214\\ 0 & 1.095445 & 0.365148\\ 0 & 0 & -0.816497\end{bmatrix},$$

$$\boldsymbol{A}_2=\boldsymbol{R}\boldsymbol{P}_{12}^{\mathrm{T}}\boldsymbol{P}_{23}^{\mathrm{T}}+s_1\boldsymbol{I}=\boldsymbol{R}=\begin{bmatrix}3.6 & 0.489898 & 0\\ 0.489898 & 1.733333 & -0.745356\\ 0 & -0.745356 & 0.666667\end{bmatrix};$$

$s_2=0.666667$,

$$\boldsymbol{P}_{23}\boldsymbol{P}_{12}(\boldsymbol{A}_2-s_2\boldsymbol{I})=\boldsymbol{R}=\begin{bmatrix}2.973961 & 0.658916 & -0.122782\\ 0 & 1.224403 & -0.583259\\ 0 & 0 & -0.447537\end{bmatrix},$$

$$\boldsymbol{A}_3=\boldsymbol{R}\boldsymbol{P}_{12}^{\mathrm{T}}\boldsymbol{P}_{23}^{\mathrm{T}}+s_2\boldsymbol{I}=\boldsymbol{R}=\begin{bmatrix}3.708543 & 0.201695 & 0\\ 0.201695 & 1.979853 & 0.272439\\ 0 & 0.272439 & 0.311608\end{bmatrix};$$

$s_3=0.311608$,

$$\boldsymbol{P}_{23}\boldsymbol{P}_{12}(\boldsymbol{A}_3-s_3\boldsymbol{I})=\boldsymbol{R}=\begin{bmatrix}3.402917308 & 0.300218995 & 0.016147747\\ 0 & 1.675653371 & 0.268341036\\ 0 & 0 & -0.044216968\end{bmatrix},$$

$$\boldsymbol{A}_4=\boldsymbol{R}\boldsymbol{P}_{12}^{\mathrm{T}}\boldsymbol{P}_{23}^{\mathrm{T}}+s_3\boldsymbol{I}=\boldsymbol{R}=\begin{bmatrix}3.726337 & 0.099318 & 0\\ 0.099318 & 2.005687 & -0.007189\\ 0 & -0.007189 & 0.267979\end{bmatrix};$$

$s_4=0.267979$,

$$\boldsymbol{P}_{23}\boldsymbol{P}_{12}(\boldsymbol{A}_4-s_4\boldsymbol{I})=\boldsymbol{R}=\begin{bmatrix}3.459784 & 0.149160 & -0.000206\\ 0 & 1.734156 & -0.007186\\ 0 & 0 & -0.000030\end{bmatrix},$$

$$A_5 = RP_{12}^{\mathrm{T}}P_{23}^{\mathrm{T}} + s_4 I = R = \begin{pmatrix} 3.730\,619 & 0.049\,781 & 0 \\ 0.049\,781 & 2.001\,435 & 0 \\ 0 & 0 & 0.267\,949 \end{pmatrix}.$$

故 A 有一个特征值 $\lambda_1 = 0.267\,949$. 对 A_5 的子矩阵

$$\widetilde{A}_5 = \begin{pmatrix} 3.730\,619 & 0.049\,781 \\ 0.049\,781 & 2.001\,435 \end{pmatrix}$$

继续进行变换，取 $s_5 = 2.001\,435$，得

$$\widetilde{A}_6 = P_{12}(\widetilde{A}_5 - s_5 I)P_{12}^{\mathrm{T}} + s_5 I = \begin{pmatrix} 3.732\,051 & 0 \\ 0 & 2 \end{pmatrix},$$

因此，另外两个特征值分别为 3.732 051 和 2.

10. 试用初等反射矩阵将

$$A = \begin{pmatrix} 1 & 1 & 1 \\ 2 & -1 & -1 \\ 2 & -4 & 5 \end{pmatrix}$$

分解为 QR 的形式，其中 Q 为正交矩阵，R 为上三角矩阵.

解　将 A 的第一列变为与 e_1 平行的向量. 取 $\sigma_1 = (1^2 + 2^2 + 2^2)^{\frac{1}{2}} = 3$，$u_1 = (1,2,2)^{\mathrm{T}} + \sigma e_1 = (4,2,2)^{\mathrm{T}}$，$\beta_1 = \frac{1}{2}\|u_1\|_2^2 = \sigma_1(\sigma_1 + 1) = 12$，因此，所求反射阵为

$$H_1 = I_3 - \beta_1^{-1}u_1u_1^{\mathrm{T}} = \begin{pmatrix} -\frac{1}{3} & -\frac{2}{3} & -\frac{2}{3} \\ -\frac{2}{3} & \frac{2}{3} & -\frac{1}{3} \\ -\frac{2}{3} & -\frac{1}{3} & \frac{2}{3} \end{pmatrix},$$

$$H_1 A = \begin{pmatrix} -3 & 3 & -3 \\ 0 & 0 & -3 \\ 0 & -3 & 3 \end{pmatrix},$$

将 H_1A 的第二列中的二维向量 $(0,-3)^{\mathrm{T}}$ 变成与 $e_2 = (1,0)^{\mathrm{T}}$ 平行的向量. 取

$$\sigma_2 = -3,\quad u_2 = (-3,-3)^{\mathrm{T}},\quad \beta_2 = \frac{1}{2}\|u_2\|_2^2 = \sigma_2(\sigma_2 + 0) = 9,$$

因此，所求反射阵为

$$\overline{H}_2 = I_2 - \beta_2^{-1}u_2u_2^{\mathrm{T}} = \begin{pmatrix} 0 & -1 \\ -1 & 0 \end{pmatrix}.$$

取

$$H_2 = \begin{pmatrix} 1 & 0 & 0 \\ 0 & 0 & -1 \\ 0 & -1 & 0 \end{pmatrix},$$

则

$$H_2H_1A=\begin{pmatrix}-3&3&-3\\0&3&-3\\0&0&3\end{pmatrix}.$$

令

$$Q=(H_2H_1)^{-1}=H_1H_2=\frac{1}{3}\begin{pmatrix}-1&2&2\\-2&1&-2\\-2&-2&1\end{pmatrix},\quad R=\begin{pmatrix}-3&3&-3\\0&3&-3\\0&0&3\end{pmatrix},$$

则 $A=QR$ 为 A 的 QR 分解.

若使 R 的对角元皆为正数，则取 $D=\begin{pmatrix}-1&&\\&1&\\&&1\end{pmatrix}$，此时

$$\bar{Q}=QD=\begin{pmatrix}-\frac{1}{3}&\frac{2}{3}&\frac{2}{3}\\-\frac{2}{3}&\frac{1}{3}&-\frac{2}{3}\\-\frac{2}{3}&-\frac{2}{3}&\frac{1}{3}\end{pmatrix}\begin{pmatrix}-1&&\\&1&\\&&1\end{pmatrix}=\frac{1}{3}\begin{pmatrix}1&2&2\\2&1&-2\\2&-2&1\end{pmatrix},$$

$$\bar{R}=D^{-1}R=\begin{pmatrix}3&-3&3\\0&3&-3\\0&0&3\end{pmatrix},$$

$A=\bar{Q}\bar{R}$为 A 的 QR 分解(R 的对角元素皆为正数).

11. 设 $A=\begin{array}{c}\begin{array}{cc}\scriptstyle 3&\scriptstyle 2\end{array}\\\begin{pmatrix}A_{11}&A_{12}\\\mathbf{0}&A_{22}\end{pmatrix}\end{array}\begin{array}{l}\scriptstyle 3\\\scriptstyle 2\end{array}$，又设 λ_i 为 A_{11} 的特征值，λ_j 为 A_{22} 的特征值，$x_i=(\alpha_1,\alpha_2,\alpha_3)^{\mathrm T}$ 为对应于 λ_i，A_{11} 的特征向量，$y_i=(\beta_1,\beta_2)^{\mathrm T}$ 为对应于 λ_j，A_{22} 的特征向量. 求证：

(1) λ_i,λ_j 为 A 的特征值.

(2) $x_i'=(\alpha_1,\alpha_2,\alpha_3,0,0)^{\mathrm T}$ 为 A 的对应于 λ_i 的特征向量，$y_i'=(0,0,0,\beta_1,\beta_2)^{\mathrm T}$ 为 A 的对应于 λ_j 的特征向量.

证明 (1) A 的特征方程为 $\det(\lambda I-A)=0$，即 $\det(\lambda I-A_{11})\det(\lambda I-A_{22})=0$. 由于 λ_i 为 A_{11} 的特征值，λ_j 为 A_{22} 的特征值，因而 $\det(\lambda_i I-A_{11})=0$，$\det(\lambda_j I-A_{22})=0$，故 λ_i,λ_j 均是 A 的特征值.

(2) 因为 $x_i=(\alpha_1,\alpha_2,\alpha_3)^{\mathrm T}$ 为对应于 λ_i，A_{11} 的特征向量，所以 $A_{11}x_i=\lambda_i x_i$，若 $x_i'=(\alpha_1,\alpha_2,\alpha_3,0,0)^{\mathrm T}$，则

$$Ax_i'=\begin{pmatrix}A_{11}&A_{12}\\\mathbf{0}&A_{22}\end{pmatrix}(\alpha_1\quad\alpha_2\quad\alpha_3\quad0\quad0)^{\mathrm T}-(A_{11}x\quad0\quad0)^{\mathrm T}$$

$$=(\lambda_i\alpha_1\quad \lambda_i\alpha_2\quad \lambda_i\alpha_3\quad 0\quad 0)^{\mathrm{T}}=\lambda_i\boldsymbol{x}_i',$$

所以 $\boldsymbol{x}_i'=(\alpha_1,\alpha_2,\alpha_3,0,0)^{\mathrm{T}}$ 为 $\boldsymbol{A}$ 的对应于 λ_i 的特征向量.

因为 $\boldsymbol{y}_i=(\beta_1,\beta_2)^{\mathrm{T}}$ 为对应于 λ_j, $\boldsymbol{A}_{22}$ 的特征向量，所以 $\boldsymbol{A}_{22}\boldsymbol{y}_i=\lambda_j\boldsymbol{y}_i$. 若 $\boldsymbol{y}_i'=(0,0,0,\beta_1,\beta_2)^{\mathrm{T}}$，则

$$\boldsymbol{A}\boldsymbol{y}_i'=\begin{bmatrix}\boldsymbol{A}_{11} & \boldsymbol{A}_{12}\\ \boldsymbol{0} & \boldsymbol{A}_{22}\end{bmatrix}(0\quad 0\quad 0\quad \beta_1\quad \beta_2)^{\mathrm{T}}=(0\quad 0\quad 0\quad \boldsymbol{A}_{22}\boldsymbol{y}_i)^{\mathrm{T}}$$

$$=(0\quad 0\quad 0\quad \lambda_j\beta_1\quad \lambda_j\beta_2)^{\mathrm{T}}=\lambda_j\boldsymbol{y}_i',$$

所以 $\boldsymbol{y}_i'=(0,0,0,\beta_1,\beta_2)^{\mathrm{T}}$ 为 $\boldsymbol{A}$ 的对应于 λ_j 的特征向量.

第 9 章　常微分方程初值问题数值解法

复习与思考题解答

1. 常微分方程初值问题右端函数 f 满足什么条件时解存在唯一？什么是好条件的方程？

答　对于一阶常微分方程的初值问题

$$\begin{cases} y' = f(x,y), & x \in [x_0,b], \\ y(x_0) = y_0, \end{cases}$$

如果存在实数 $L>0$，使得

$$|f(x,y_1) - f(x,y_2)| \leqslant L|y_1 - y_2|, \quad \forall y_1, y_2 \in \mathbb{R},$$

则称 f 关于 y 满足利普希茨条件，L 称为 f 的利普希茨常数.

若 f 在区域 $D=\{(x,y)|a\leqslant x\leqslant b, y\in\mathbb{R}\}$ 上连续，关于 y 满足利普希茨条件，则对任意 $x_0\in[a,b]$，$y_0\in\mathbb{R}$，上述常微分方程当 $x\in[a,b]$ 时存在唯一的连续可微解 $y(x)$.

当利普希茨常数 L 比较小时，解对初值和右端函数相对不敏感，称为好条件的.

2. 什么是欧拉法和后退欧拉法？它们是怎样导出的？并给出局部截断误差.

答　将一阶常微分方程 $y'=f(x,y)$ 中的导数用均差近似，即

$$\frac{y(x_{n+1}) - y(x_n)}{h} \approx y'(x_n) = f(x_n, y(x_n)),$$

并利用 $y_n\approx y(x_n)$，则得到数值解法

$$y_{n+1} = y_n + hf(x_n, y_n),$$

这就是欧拉法.

若利用

$$\frac{y(x_{n+1}) - y(x_n)}{h} \approx y'(x_{n+1}) = f(x_{n+1}, y(x_{n+1})),$$

并利用 $y_n\approx y(x_n)$，则得到

$$y_{n+1} = y_n + hf(x_{n+1}, y_{n+1}),$$

这就是后退欧拉法.

欧拉法和后退欧拉法也可以通过数值积分公式得到. 欧拉法的局部截断误差 $T_{n+1}=O(h^2)$，后退欧拉法的局部截断误差也为 $O(h^2)$.

3. 何谓单步法的局部截断误差？何谓数值方法是 p 阶精度？

答　设 $y(x)$ 是初值问题

$$\begin{cases} y' = f(x,y), & x \in [x_0,b], \\ y(x_0) = y_0, \end{cases}$$

的准确解，称

$$T_{n+1}=y(x_{n+1})-y(x_n)-h\varphi(x_n,y(x_n),h)$$

为显式单步法

$$y_{n+1}=y_n+h\varphi(x_n,y_n,h)$$

的局部截断误差.

若存在最大整数 p，使显式单步法的局部截断误差满足

$$T_{n+1}=y(x+h)-y(x)-h\varphi(x,y,h)=O(h^{p+1}),$$

则称单步法具有 p 阶精度. 上述定义对隐式单步法

$$y_{n+1}=y_n+h\varphi(x_n,y_n,y_{n+1},h)$$

也同样适用.

4. 给出梯形法和改进欧拉法的计算公式. 它们是几阶精度的？

答　梯形法的计算公式为

$$y_{n+1}=y_n+\frac{h}{2}[f(x_n,y_n)+f(x_{n+1},y_{n+1})],$$

为二阶方法.

改进欧拉法的计算公式为

$$\begin{cases} y_p=y_n+hf(x_n,y_n), \\ y_c=y_n+hf(x_{n+1},y_p), \\ y_{n+1}=\dfrac{1}{2}(y_p+y_c). \end{cases}$$

此法也是二阶方法.

5. 显式方法与隐式方法的根本区别是什么？如何求解隐式方程？应如何给出迭代初始值？

答　显示方法和隐式方法有着本质的区别，显示公式是关于 y_{n+1} 的一个直接的计算公式，而隐式公式的右端往往含有未知的 y_{n+1}，是关于 y_{n+1} 的一个函数方程. 考虑到数值稳定性等其他因素，有时需要选用隐式公式，但是用显式方法远比隐式方法方便.

隐式方程通常用迭代法求解，迭代初值往往由显示方法给出，迭代过程的实质是逐步显式化.

6. 什么是 s 级的龙格—库塔法？它是 s 阶方法吗？写出经典的四阶龙格—库塔法.

答　从与方程 $y'=f(x,y)$ 等价的积分形式

$$y(x_{n+1})-y(x_n)=\int_{x_n}^{x_{n+1}}f(x,y(x))\,\mathrm{d}x$$

出发，若要使公式的阶数提高，就必须使右端积分的数值求积公式精度提高，为此必须增加求积节点，将右端用求积公式表示为

$$\int_{x_n}^{x_{n+1}}f(x,y(x))\,\mathrm{d}x\approx h\sum_{i=1}^{s}c_if(x_n+\lambda_ih,y(x_n+\lambda_ih)),$$

这里点数 s 越多，精度越高，上式右端相当于增量函数 $\varphi(x,y,h)$. 类似于改进的欧拉法，将计

算公式表示为

$$y_{n+1} = y_n + h\varphi(x_n, y_n, h),$$

其中

$$\varphi(x_n, y_n, h) = \sum_{i=1}^{s} c_i K_i,$$
$$K_1 = f(x_n, y_n),$$
$$K_i = f\left(x_n + \lambda_i h, y_n + h\sum_{j=1}^{i-1} \mu_{ij} K_j\right), \quad i = 2, \cdots, s,$$

这里 c_i, λ_i, μ_{ij} 均为常数，该计算公式称为 s 级显式龙格—库塔法.

一级龙格—库塔法 $s=1$ 的阶数 $p=1$，二级龙格—库塔法 $s=2$ 的阶数 $p=2$，一般来说 $s \leqslant 4$ 时，可以有 s 级 s 阶的显式龙格—库塔法，当 $s \geqslant 5$ 时，s 级显式龙格—库塔法的最高阶达不到 s.

经典的四阶龙格—库塔法的计算公式为

$$\begin{cases} y_{n+1} = y_n + \dfrac{h}{6}(K_1 + 2K_2 + 2K_3 + K_4), \\ K_1 = f(x_n, y_n), \\ K_2 = f\left(x_n + \dfrac{h}{2}, y_n + \dfrac{h}{2}K_1\right), \\ K_3 = f\left(x_n + \dfrac{h}{2}, y_n + \dfrac{h}{2}K_2\right), \\ K_4 = f(x_n + h, y_n + hK_3). \end{cases}$$

7. 什么是单步法的绝对稳定域和绝对稳定区间？四阶龙格—库塔方法的绝对稳定区间是什么？

答 用单步法 $y_{n+1} = y_n + h\varphi(x_n, y_n, h)$ 解模型方程 $y' = \lambda y$，若得到的解 $y_{n+1} = E(h\lambda) y_n$ 满足 $|E(h\lambda)| < 1$，则称方法是绝对稳定的. 在 $\mu = h\lambda$ 平面上，使 $|E(h\lambda)| < 1$ 的变量围成的区域称为绝对稳定域，它与实轴的交称为绝对稳定区间.

显式龙格—库塔法的绝对稳定域均为有限域，都对步长 h 有限制，如果 h 不在稳定区间内方法就不稳定. 四阶显式龙格—库塔法的绝对稳定区间为 $0 < h < -2.78/\lambda$.

8. 什么是 A-稳定的方法？举出一个具体例子.

答 如果数值方法的绝对稳定域包含了 $\{h\lambda \mid \mathrm{Re}\,(h\lambda) < 0\}$，那么称此方法是 A-稳定的，A-稳定的方法对步长 h 没有限制. 隐式欧拉法与梯形法的绝对稳定域均为 $\{h\lambda \mid \mathrm{Re}\,(h\lambda) < 0\}$，它们都是 A-稳定的方法.

9. 如何导出线性多步法的公式？它与单步法有何区别？

答 一般的线性 k 步法公式可表示为

$$y_{n+k} = \sum_{i=0}^{k-1} \alpha_i y_{n+i} + h\sum_{i=0}^{k} \beta_i f_{n+i}$$

其中 y_{n+i} 为 $y(x_{n+i})$ 的近似，$f_{n+i} = f(x_{n+i}, y_{n+i})$，$x_{n+i} = x_n + ih$，$\alpha_i, \beta_i$ 为常数，α_0 及 β_0 不全为

零. 该公式在 x_{n+k} 上的局部截断误差

$$T_{n+k} = L[y(x_n);h] = y(x_{n+k}) - \sum_{i=0}^{k-1}\alpha_i y(x_{n+i}) - h\sum_{i=0}^{k}\beta_i y'(x_{n+i}).$$

将 T_{n+k} 在 x_n 处做泰勒展开

$$T_{n+k} = c_0 y(x_n) + c_1 h y'(x_n) + c_2 h^2 y''(x_n) + \cdots + c_p h^p y^{(p)}(x_n) + \cdots,$$

适当选择系数 α_i 及 β_i，使它满足

$$c_0 = c_1 = \cdots = c_p = 0, \quad c_{p+1} \neq 0,$$

这样构造的就是 p 阶线性 k 步法，其局部截断误差

$$T_{n+k} = c_{p+1} h^{p+1} y^{(p+1)}(x_n) + O(h^{p+2}).$$

线性多步法与单步法的区别在于多步法在逐步推进的过程中充分利用了前面已经求出的信息，因而可以期望获得更高的精度.

10. 什么是阿当姆斯显式与隐式公式？它们为什么能利用等价的积分方程导出？

答　形如

$$y_{n+k} = y_{n+k} + h\sum_{i=0}^{k}\beta_i f_{n+i}$$

的 k 步法称为阿当姆斯方法. $\beta_k=0$ 为阿当姆斯显式公式，$\beta_k\neq 0$ 为阿当姆斯隐式公式.

由于这类公式中只含有 y_{n+k} 和 y_{n+k-1}，所以可以通过将积分方程 $y'=f(x,y)$ 两端从 x_{n+k-1} 到 x_{n+k} 积分求得.

11. 用多步法求数值解为什么要用预测—校正方法？

答　对于隐式多步法，计算时要进行迭代，计算量较大. 为了避免进行迭代，通常采用显式公式给出 y_{n+k} 的一个初始近似值，记为 $y_{n+k}^{(0)}$，称为预测，接着计算 f_{n+k} 的值，再用隐式公式进行计算 y_{n+k}，称为校正. 一般情况下，预测公式与校正公式都取同阶的显式方法与隐式方法相匹配.

12. 什么是多步法的相容性和收敛性？试给出多步法相容的条件.

答　当线性多步法的阶数 $p\geqslant 1$ 时称多步法与微分方程是相容的. 设初值问题的精确解为 $y(x)$，如果初始条件 $y_i=\eta_i(h)$ 满足条件

$$\lim_{h\to 0}\eta_i(h) = y_0, \quad i = 0,1,\cdots,k-1$$

的线性 k 步法在 $x=x_n$ 处的解 y_n 有

$$\lim_{\substack{h\to 0\\ x=x_0+nh}} y_n = y(x),$$

则称线性 k 步法是收敛的.

根据相容性定义，线性 k 步法与微分方程 $y'=f(x,y)$ 相容的充分必要条件是

$$\begin{cases}\alpha_0 + \alpha_1 + \cdots + \alpha_{k-1} = 1,\\ \sum_{i=1}^{k-1} i\alpha_i + \sum_{i=0}^{k}\beta_i = k.\end{cases}$$

13. 什么是多步法的特征多项式？什么是根条件？根条件在线性多步法收敛性与稳定性

中有何作用?

答 对多步法

$$y_{n+k}=\sum_{i=0}^{k-1}\alpha_i y_{n+i}+h\sum_{i=0}^{k}\beta_i f_{n+i},$$

引入多项式

$$\rho(\xi)=\xi^k-\sum_{j=0}^{k-1}\alpha_j\xi^j,\quad \sigma(\xi)=\sum_{j=0}^{k}\beta_j\xi^j,$$

分别为多步法的第一第二特征多项式,线性 k 步法与微分方程相容的充分必要条件是 $\rho(1)=0$, $\rho'(1)=\sigma(1)$.

如果线性多步法的第一特征多项式 $\rho(\xi)$ 的根都在单位圆内或单位圆上,且在单位圆上的根都是单根,则称线性多步法满足根条件.

若线性多步法是相容的,则线性多步法收敛的充分必要条件是满足根条件.

14. 什么是刚性方程组? 为什么刚性微分方程数值求解非常困难? 什么数值方法适合求刚性方程?

答 记 $\boldsymbol{y}=(y_1,y_2,\cdots,y_N)^{\mathrm{T}}$, $\boldsymbol{y}_0=(y_1^0,y_2^0,\cdots,y_N^0)^{\mathrm{T}}$, $\boldsymbol{f}=(f_1,f_2,\cdots,f_N)^{\mathrm{T}}$,在求解微分方程组

$$\begin{cases}\boldsymbol{y}'=\boldsymbol{f}(x,\boldsymbol{y}),\\ \boldsymbol{y}(x_0)=\boldsymbol{y}_0\end{cases}$$

时,经常出现解的分量数量级差别很大的情形,这种问题称为刚性问题. 刚性问题中解分量的变化速度相差很大,往往会出现用小步长计算长区间的现象,因而求解比较困难,最好使用对步长不加限制的方法,如欧拉后退法及梯形法,即 A-稳定的方法.

15. 判断下列命题是否正确:

(1) 一阶常微分方程右端函数 $f(x,y)$ 连续就一定存在唯一解.

(2) 数值求解常微分方程初值问题截断误差与舍入误差互不相关.

(3) 一个数值方法局部截断误差的阶等于整体误差的阶(即方法的阶).

(4) 算法的阶越高计算结果就越精确.

(5) 显式方法的优点是计算简单且稳定性好.

(6) 隐式方法的优点是稳定性好且收敛阶高.

(7) 单步法比多步法优越的原因是计算简单且可以自启动.

(8) 改进欧拉法是二级二阶的龙格—库塔方法.

(9) 满足根条件的多步法都是绝对稳定的.

(10) 解刚性方程组如果使用 A-稳定方法,则不管步长 h 取多大都可达到任意给定的精度.

答:(1) 错. 在右端函数 $f(x,y)$ 连续的前提下,还要加上一些条件(如 $f(x,y)$ 关于 y 满足利普希茨条件),才能得出存在唯一解的结论。

(2) 对. 截断误差是说通过精确计算所得的值 y_n 与所求问题的精确解 $y(x_n)$ 的差 $e_n=$

$y(x_n)-y_n$，在此过程中，未涉及近似计算，因此与舍入误差无关.

(3) 错. 一个数值方法局部截断误差的阶比整体截断误差的阶高一阶.

(4) 错. 如果常微分方程的解具有较好的光滑性，即高阶导数存在，则采用算法的阶越高，计算结果就越精确. 反之不然.

(5) 错. 显式方法的优点是计算简单，但其稳定性差些.

(6) 对. 相对显式方法而言是正确的.

(7) 错. 单步法有自启动的特性，但不能说单步法都计算简单. 因为单步法中也有隐式方法.

(8) 对. 这可由龙格—库塔方法的具体形式中得到验证.

(9) 错. 满足根条件的多步法是稳定的，但不能保证绝对稳定.

(10) 对. 对刚性方程组使用 A-稳定方法时，对步长没有限制.

习题解答

1. 用欧拉法解初值问题

$$y' = x^2 + 100y^2, \quad y(0) = 0.$$

取步长 $h=0.1$，计算到 $x=0.3$(保留到小数点后 4 位).

解　欧拉法公式为

$$y_{n+1} = y_n + hf(x_n, y_n) = y_n + h(x_n^2 + 100y_n^2), \quad n = 0,1,2.$$

代入 $y_0=0$，计算结果为

$$y(0.1) \approx y_1 = 0, \quad y(0.2) \approx y_2 = 0.0010, \quad y(0.3) \approx y_3 = 0.0050.$$

2. 用改进欧拉法和梯形法解初值问题

$$y' = x^2 + x - y, \quad y(0) = 0.$$

取步长 $h=0.1$，计算到 $x=0.5$，并与准确解 $y=-\mathrm{e}^{-x}+x^2-x+1$ 相比较.

解　改进欧拉法为

$$y_{n+1} = y_n + \frac{h}{2}[f(x_n, y_n) + f(x_{n+1}, y_n + hf(x_n, y_n))],$$

将 $f(x,y)=x^2+x-y$ 代入，得

$$y_{n+1} = \left(1 - h + \frac{h^2}{2}\right)y_n + \frac{h}{2}[(1-h)x_n(1+x_n) + (1+x_{n+1})x_{n+1}].$$

梯形法公式为

$$y_{n+1} = y_n + \frac{h}{2}[f(x_n, y_n) + f(x_{n+1}, y_{n+1})],$$

将 $f(x,y)=x^2+x-y$ 代入，得

$$y_{n+1} = \frac{2-h}{2+h}y_n + \frac{h}{2+h}[x_n(1+x_n) + x_{n+1}(1+x_{n+1})],$$

将 $y_0=0, h=0.1$ 代入计算公式，结果如下：

x_n	改进欧拉法 y_n	$\|y(x_n)-y_n\|$	梯形法 y_n	$\|y(x_n)-y_n\|$
0.1	0.005 500	$0.337\,418\,036\times10^{-3}$	0.005 238 095	$0.755\,132\,781\times10^{-4}$
0.2	0.021 927 500	$0.658\,253\,078\times10^{-3}$	0.021 405 896	$0.136\,648\,778\times10^{-3}$
0.3	0.050 144 388	$0.962\,608\,182\times10^{-3}$	0.049 367 239	$0.185\,459\,653\times10^{-3}$
0.4	0.090 930 671	$0.125\,071\,672\times10^{-2}$	0.089 903 692	$0.223\,738\,443\times10^{-3}$
0.5	0.144 992 257	$0.152\,291\,668\times10^{-2}$	0.143 722 388	$0.253\,048\,087\times10^{-3}$

可见梯形法比改进欧拉法精确.

3. 用梯形方法解初值问题

$$\begin{cases} y' + y = 0, \\ y(0) = 1. \end{cases}$$

证明其近似解为

$$y_n = \left(\frac{2-h}{2+h}\right)^n,$$

并证明当 $h\to 0$ 时,它收敛于原初值问题的准确解 $y=\mathrm{e}^{-x}$.

证明 梯形公式为

$$y_{n+1} = y_n + \frac{h}{2}[f(x_n, y_n) + f(x_{n+1}, y_{n+1})],$$

将 $f(x,y)=-y$ 代入上式,得

$$y_{n+1} = y_n + \frac{h}{2}[-y_n - y_{n+1}],$$

解得

$$y_{n+1} = \left(\frac{2-h}{2+h}\right)y_n,$$

递推,有

$$y_{n+1} = \left(\frac{2-h}{2+h}\right)y_n = \left(\frac{2-h}{2+h}\right)^2 y_{n-1} = \cdots = \left(\frac{2-h}{2+h}\right)^{n+1} y_0,$$

因为 $y_0=1$,故

$$y_n = \left(\frac{2-h}{2+h}\right)^n.$$

对 $\forall x>0$,以 h 为步长经 n 步运算可求得 $y(x)$ 的近似值 y_n,故将 $x=nh, n=\frac{x}{h}$,代入上式有

$$y_n = \left(\frac{2-h}{2+h}\right)^{x/h},$$

因而

$$\lim_{h\to 0} y_n = \lim_{h\to 0}\left(\frac{2-h}{2+h}\right)^{\frac{x}{h}} = \lim_{h\to 0}\left(1-\frac{2h}{2+h}\right)^{\frac{x}{h}} = \lim_{h\to 0}\left[\left(1-\frac{2h}{2+h}\right)^{\frac{2+h}{2h}}\right]^{\frac{2h}{2+h}\frac{x}{h}} = \mathrm{e}^{-x}.$$

4. 利用欧拉方法计算积分

$$\int_0^x e^{t^2}\,dt$$

在点 $x=0.5,1,1.5,2$ 的近似值.

解　令 $y(x)=\int_0^x e^{t^2}\,dt$,则有初值问题

$$y'=e^{x^2},\quad y(0)=0.$$

对上述问题应用欧拉法,取 $h=0.5$,计算公式为

$$y_{n+1}=y_n+0.5e^{x_n^2},\quad n=0,1,2,3,$$

由 $y(0)=y_0=0$,得

$$y(0.5)\approx y_1=0.5,\quad y(1.0)\approx y_2=1.142\,012\,708,$$

$$y(1.5)\approx y_3=2.501\,153\,623,\quad y(2.0)\approx y_4=7.245\,021\,541.$$

5. 取 $h=0.2$,用四阶经典的龙格—库塔方法求解下列初值问题:

(1) $\begin{cases}y'=x+y, & 0<x<1,\\ y(0)=1.\end{cases}$

(2) $\begin{cases}y'=3y/(1+x), & 0<x<1,\\ y(0)=1.\end{cases}$

解　四阶经典的龙格—库塔方法迭代公式为

$$\begin{cases}y_{n+1}=y_n+\dfrac{h}{6}(K_1+2K_2+2K_3+K_4),\\ K_1=f(x_n,y_n),\\ K_2=f\left(x_n+\dfrac{h}{2},y_n+\dfrac{h}{2}K_1\right),\\ K_3=f\left(x_n+\dfrac{h}{2},y_n+\dfrac{h}{2}K_2\right),\\ K_4=f(x_n+h,y_n+hK_3).\end{cases}$$

(1) 取 $y_0=y(0)=1,h=0.2,f(x,y)=x+y$,

(2) 取 $y_0=y(0)=1,h=0.2,f(x,y)=\dfrac{3y}{1+x}$,

上述两问题的近似解如下:

x_n	(1)的解 y_n	(2)的解 y_n	x_n	(1)的解 y_n	(2)的解 y_n
0.2	1.242 800 000	1.727 548 209	0.8	2.651 041 652	5.829 210 728
0.4	1.583 635 920	2.742 951 299	1.0	3.436 502 273	7.996 012 143
0.6	2.044 212 913	4.094 181 355			

6. 证明对任意参数 t,下列龙格—库塔公式是二阶的:

$$\begin{cases} y_{n+1} = y_n + \dfrac{h}{2}(K_2 + K_3), \\ K_1 = f(x_n, y_n), \\ K_2 = f(x_n + th, y_n + thK_1), \\ K_3 = f(x_n + (1-t)h, y_n + (1-t)hK_1). \end{cases}$$

证明 只要证明 $T_{n+1} = O(h^3)$即可.

$$T_{n+1} = y(x+h) - y(x) - h\varphi(x,y,h),$$

$$\varphi(x,y,h) = \frac{1}{2}[f(x+th, y+thy'(x)) + f(x+(1-t)h, y+(1-t)hy'(x))],$$

将 $y(x+h)$和 $\varphi(x,y,h)$在 x 处展开即可得到余项表达式

$$\begin{aligned} & f(x+th, y+thy'(x)) \\ = {} & f(x,y) + th\frac{\partial}{\partial x}f(x,y) + thy'(x)\frac{\partial}{\partial y}f(x,y) + O(h^2), \\ & f(x+(1-t)h, y+(1-t)hy'(x)) \\ = {} & f(x,y) + (1-t)h\frac{\partial}{\partial x}f(x,y) + (1-t)hy'(x)\frac{\partial}{\partial y}f(x,y) + O(h^2). \end{aligned}$$

所以

$$\begin{aligned} T_{n+1} = {} & y(x) + hy'(x) + \frac{1}{2}h^2y''(x) + \frac{1}{3!}h^3y'''(\xi) - y(x) \\ & - \frac{1}{2}h\left[2f(x,y) + h\frac{\partial}{\partial x}f(x,y) + hy'(x)\frac{\partial}{\partial y}f(x,y) + O(h^2)\right] \\ = {} & O(h^3), \end{aligned}$$

故对任意参数 t,方法是二阶的.

7. 证明中点公式

$$y_{n+1} = y_n + hf\left(x_n + \frac{h}{2}, y_n + \frac{1}{2}hf(x_n, y_n)\right)$$

是二阶的.

证明

$$\begin{aligned} T_{n+1} = {} & y(x_{n+1}) - y(x_n) - hf(x_n + \frac{h}{2}, y(x_n) + \frac{1}{2}hy'(x_n)) \\ = {} & y(x_n) + hy'(x_n) + \frac{h^2}{2}y''(x_n) + \frac{1}{3!}h^3y'''(x_n) + O(h^4) - y(x_n) - h\Big\{f(x_n, y(x_n)) \\ & + \frac{h}{2}\frac{\partial f(x_n, y(x_n))}{\partial x} + \frac{h}{2}y'(x_n)\frac{\partial f(x_n, y(x_n))}{\partial y} + \frac{1}{2!}\Big[\left(\frac{h}{2}\right)^2\frac{\partial^2 f(x_n, y(x_n))}{\partial x^2} \\ & + \frac{h}{2}\frac{h}{2}y'(x_n)\frac{\partial^2 f(x_n, y(x_n))}{\partial x\partial y} + \left(\frac{h}{2}y'(x_n)\right)^2\frac{\partial^2 f(x_n, y(x_n))}{\partial y^2}\Big] + O(h^3)\Big\} \\ = {} & \frac{1}{3!}h^3y'''(x_n) - \frac{h^3}{8}\left[\frac{\partial^2 f}{\partial x^2} + y'(x)\frac{\partial^2 f}{\partial x\partial y} + (y'(x))^2\frac{\partial^2 f}{\partial y^2}\right]_{(x_n, y(x_n))} + O(h^4) - O(h^3), \end{aligned}$$

因此中点公式是二阶的.

8. 求隐式中点公式

$$y_{n+1}=y_n+hf\left(x_n+\frac{h}{2},\frac{1}{2}(y_n+y_{n+1})\right)$$

的绝对稳定区间.

解　对于模型方程 $y'=\lambda y$,隐式中点公式为

$$y_{n+1}=y_n+\frac{1}{2}h\lambda(y_n+y_{n+1}),$$

即

$$\left(1-\frac{1}{2}h\lambda\right)y_{n+1}=\left(1+\frac{1}{2}h\lambda\right)y_n,$$

$$y_{n+1}=\frac{1+\frac{1}{2}h\lambda}{1-\frac{1}{2}h\lambda}y_n,$$

故

$$E(h\lambda)=\frac{1+\frac{1}{2}h\lambda}{1-\frac{1}{2}h\lambda},$$

对 $\mathrm{Re}(\lambda)<0$,有 $|E(h\lambda)|=\left|\frac{1+\frac{1}{2}h\lambda}{1-\frac{1}{2}h\lambda}\right|<1$,故绝对稳定域为 $\mu=h\lambda$ 的左半平面,绝对稳定区间为 $-\infty<h\lambda<0$,即 $0<h<\infty$ 时隐式中点法是稳定的.

9. 对于初值问题

$$y'=-100(y-x^2)+2x,\quad y(0)=1.$$

(1) 用欧拉法求解,步长 h 取什么范围的值,才能使计算稳定?

(2) 若用四阶龙格—库塔法计算,步长 h 如何选取?

(3) 若用梯形公式计算,步长 h 有无限制?

解　因为 $y'=-100(y-x^2)+2x$,所以 $\lambda=-100$.

(1) 由于欧拉法的绝对稳定区间为

$$|1+h\lambda|\leqslant 1,$$

即

$$|1-100h|\leqslant 1,$$

所以当 $0<h\leqslant 0.02$ 时计算稳定.

(2) 因为四阶龙格—库塔法的绝对稳定区间为

$$-2.78\leqslant h\lambda<0,$$

所以当 $0<h\leqslant 0.0278$ 时计算稳定.

（3）梯形法的稳定区间为

$$0<h<\infty,$$

所以步长 h 无限制.

10. 分别用二阶显式阿当姆斯方法和二阶隐式阿当姆斯方法解下列初值问题：

$$y'=1-y,\quad y(0)=0.$$

取 $h=0.2, y_0=0, y_1=0.181$，计算 $y(1.0)$ 并与准确解 $y=1-\mathrm{e}^{-x}$ 相比较.

解　二阶显式阿当姆斯方法和二阶隐式阿当姆斯方法分别为

$$y_{n+2}=y_{n+1}+\frac{1}{2}h(3f_{n+1}-f_n),$$

$$y_{n+1}=y_n+\frac{1}{2}h(f_{n+1}+f_n),$$

将 $f=1-y$ 代入并化简得

显式方法：$y_{n+2}=\left(1-\frac{3}{2}h\right)y_{n+1}+\frac{h}{2}y_n+h$，

隐式方法：$y_{n+1}=\frac{2-h}{2+h}y_n+\frac{2h}{2+h}$.

取 $h=0.2, y_0=0, y_1=0.181$，计算结果如下：

x_n	精确解 $y(x_n)=1-\mathrm{e}^{-x_n}$	显式 y_n	$\lvert y(x_n)-y_n\rvert$	隐式 y_n	$\lvert y(x_n)-y_n\rvert$
0.4	0.329 679 954	0.327	$2.679\,953\,964\times10^{-3}$	0.330	$3.200\,460\,36\times10^{-4}$
0.6	0.451 188 363	0.447	$4.188\,363\,903\times10^{-3}$	0.452	$8.116\,360\,97\times10^{-4}$
0.8	0.550 671 035	0.545	$5.671\,035\,881\times10^{-3}$	0.551	$3.289\,641\,19\times10^{-4}$
1.0	0.632 120 558	0.626	$6.120\,588\,28\times10^{-3}$	0.633	$8.794\,411\,7\times10^{-4}$

可见隐式方法比显式方法精确.

11. 证明解 $y'=f(x,y)$ 的下列差分公式

$$y_{n+1}=\frac{1}{2}(y_n+y_{n-1})+\frac{h}{4}(4y'_{n+1}-y'_n+3y'_{n-1})$$

是二阶的，并求出截断误差的主项.

证明　由局部截断误差的定义

$$\begin{aligned}T_{n+1}=&y(x_n+h)-\frac{1}{2}(y(x_n)+y(x_n-h))-\frac{h}{4}[4y'(x_n+h)-y'(x_n)+3y'(x_n-h)]\\=&y(x_n)+hy'(x_n)+\frac{h^2}{2}y''(x_n)+\frac{1}{3!}h^3y'''(x_n)+O(h^4)-\frac{1}{2}y(x_n)\\&-\frac{1}{2}\left[y(x_n)-hy'(x_n)+\frac{h^2}{2}y''(x_n)-\frac{1}{3!}h^3y'''(x_n)+O(h^4)\right]\\&-\frac{h}{4}\left[4(y'(x_n)+hy''(x_n)+\frac{h^2}{2}y'''(x_n)+O(h^3))-y'(x_n)\right.\end{aligned}$$

$$+3\left(y'(x_n)-hy''(x_n)+\frac{h^2}{2}y'''(x_n)+O(h^3)\right)\Big]$$

$$=\left(1-\frac{1}{2}-\frac{1}{2}\right)y(x_n)+\left(\frac{1}{2}-\frac{1}{4}-1+\frac{3}{4}\right)h^2y''(x_n)$$

$$+\left(\frac{1}{6}+\frac{1}{12}-\frac{1}{2}-\frac{3}{8}\right)h^3y'''(x_n)+O(h^4)$$

$$=-\frac{5}{8}h^3y'''(x_n)+O(h^4),$$

故方法是二阶的，局部截断误差的主项为$-\frac{5}{8}h^3y'''(x_n)$.

12. 试证明线性二步法

$$y_{n+2}+(b-1)y_{n+1}-by_n=\frac{h}{4}[(b+3)f_{n+2}+(3b+1)f_n],$$

当 $b\neq-1$ 时方法为二阶，当 $b=-1$ 时方法为三阶.

证明　由局部截断误差的定义

$$T_{n+2}=y(x_n+2h)+(b-1)y(x_n+h)-by(x_n)$$

$$-\frac{h}{4}[(b+3)y'(x_n+2h)+(3b+1)y'(x_n)]$$

$$=y(x_n)+2hy'(x_n)+\frac{1}{2}(2h)^2y''(x_n)+\frac{1}{3!}(2h)^3y'''(x_n)$$

$$+\frac{1}{4!}(2h)^4y^{(4)}(x_n)+O(h^5)+(b-1)\Big[y(x_n)+hy'(x_n)+\frac{1}{2}h^2y''(x_n)$$

$$+\frac{1}{3!}h^3y''(x_n)+\frac{1}{4!}h^4y^{(4)}(x_n)+O(h^5)\Big]-by(x_n)$$

$$-\frac{h}{4}(b+3)\Big[y'(x_n)+2hy''(x_n)+\frac{1}{2}(2h)^2y'''(x_n)$$

$$+\frac{1}{3!}(2h)^3y^{(4)}(x_n)+O(h^4)\Big]-\frac{h}{4}(3b+1)y'(x_n)$$

$$=(1+b-1-b)y(x_n)+\Big[2+b-1-\frac{1}{4}(b+3)-\frac{1}{4}(3b+1)\Big]hy'(x_n)$$

$$+[2+\frac{1}{2}(b-1)-\frac{1}{2}(b+3)]h^2y''(x_n)+\Big[\frac{4}{3}+\frac{1}{6}(b-1)-\frac{1}{2}(b+3)\Big]$$

$$\cdot h^3y'''(x_n)+\Big[\frac{2}{3}+\frac{1}{24}(b-1)-\frac{1}{3}(b+3)\Big]h^4y^{(4)}(x_n)+O(h^5)$$

$$=-\frac{1}{3}(b+1)h^3y'''(x_n)-\left(\frac{3}{8}-\frac{7}{24}b\right)h^4y^{(4)}(x_n)+O(h^5),$$

所以当 $b\neq-1$ 时，有

$$T_{n+2}=-\frac{1}{3}(b+1)h^3y'''(x_n)+O(h^4),$$

故方法为二阶；当 $b=-1$ 时，有

$$T_{n+2}=-\left(\frac{3}{8}-\frac{7}{24}b\right)h^4y^{(4)}(x_n)+O(h^5),$$

故方法为三阶.

13. 讨论二步法

$$y_{n+2}=y_{n+1}+\frac{h}{12}(5f_{n+2}+8f_{n+1}-f_n)$$

的收敛性.

解 由于方法的第一、第二特征多项式

$$\rho(\xi)=\xi^2-\xi,\quad \sigma(\xi)=\frac{1}{12}(5\xi^2+8\xi-1),$$

故有 $\rho(1)=0,\sigma(1)=\rho'(1)=1$,方法是相容的.

由 $\rho(\xi)=\xi^2-\xi=0$,得 $\xi_1=0,\xi_2=1$,满足根条件. 由教材中的定理 7,多步法收敛.

14. 写出下列常微分方程等价的一阶方程组:

(1) $y''=y'(1-y^2)-y$;

(2) $y'''=y''-2y'+y-x+1$.

解 (1) 令 $y_1=y,y_2=y'$,则常微分方程可化为一阶常微分方程组

$$\begin{cases}y_1'=y_2,\\ y_2'=y_2(1-y_1^2)-y_1,\end{cases}$$

(2) 令 $y_1=y,y_2=y',y_3=y''$,则常微分方程可化为一阶常微分方程组

$$\begin{cases}y_1'=y_2,\\ y_2'=y_3,\\ y_3'=y_3-2y_2+y_1-x+1.\end{cases}$$

15. 求方程

$$\begin{cases}u'=-10u+9v,\\ v'=10u-11v\end{cases}$$

的刚性比,用四阶 R-K 方法求解时,最大步长能取多少?

解 根据刚性比的定义,若方程组的矩阵 $\boldsymbol{A}=\begin{pmatrix}-10 & 9\\ 10 & -11\end{pmatrix}$ 的特征值 λ_j 满足条件 $\operatorname{Re}(\lambda_j)<0(j=1,2)$,则

$$s=\frac{\max\limits_{1\leqslant j\leqslant 2}|\operatorname{Re}(\lambda_j)|}{\min\limits_{1\leqslant j\leqslant 2}|\operatorname{Re}(\lambda_j)|}$$

成为刚性比. 易知 $\boldsymbol{A}$ 的两个特征值为

$$\lambda_1=-1,\quad \lambda_2=-20,$$

所以刚性比为 20.

若用四阶 R-K 方法求解,则当 $-2.78\leqslant h\lambda<0$ 时数值稳定,即当 $0<h\leqslant\frac{-2.78}{-20}=0.139$ 时可保证数值稳定.